초등교사,
수학으로
세상을 보다

초등교사, 수학으로 세상을 보다

초판 발행 | 2018년 11월 30일
지 은 이 | 김상미·고정화
발 행 인 | 이환기
발 행 처 | 춘천교육대학교 출판부
등록 번호 | 제457호

주소 | 춘천시 공지로 126(석사동, 춘천교육대학교 본관 110호)
전화 | (02) 922-7090 **팩스** | (02) 922-7092

ⓒ 춘천교육대학교, 2018 Printed in Korea
ISBN 979-11-89023-09-6   93410

편집 디자인 · 유통 | (주)도서출판 하우
등록번호 | 제475호
주소 | 서울시 중랑구 망우로68길 48
전화 | (02) 922-7090, 922-9728 **팩스** | (02) 922-7092
homepage | http://hawoo.co.kr

값 13,000원

* 이 저서는 2015년도 춘천교육대학교 교내 연구비 지원에 의하여 연구되었음.

초등교사,
수학으로
세상을 보다

김상미·고정화 지음

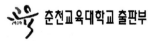 춘천교육대학교 출판부

'수학'이라는 시선으로 세상을 새롭게 만나다

수학은 변화하고 있으며 지금도 쉬지 않고 변하고 있습니다. 하지만 아직도 많은 사람들에게 수학은 주어진 문제를 빠르고 정확하게 해결하는 것이라는 인식에 머물고 있습니다. 현대 수학은 속도와 정확성이라는 틀에서 벗어나 깊고 넓은 사유의 세계를 걷고 있습니다. 학교 수학도 빠르게 해결하고 치워버리는 것이 아니라 곰곰이 생각하고 도전하는 방식으로 그 초점을 이동하고 있습니다.

수학은 세상을 보는 하나의 시선입니다. 수학이라는 시선으로 우리는 세상을 새롭게 만날 수 있습니다. 이 책은 초등교사와 예비초등교사가 수학에 대한 넓고 깊은 시선으로 세상을 새롭게 만나기를 바라는 마음에서 시작되었습니다. 초등학교 수학과의 교육 내용과 관련지어 생각해 볼 수 있는 주제를 중심으로 구성하였고, 다양한 측면에서 깊게 생각하는 기회를 마련하고자 하였습니다. 수학을 찾아가고, 수학과 곳곳에서 만나고, 수학과 함께 즐기고 놀면서, 수학이라는 시선으로 세상을 새롭게 볼 수 있기를 기대합니다.

책의 구성

1부 '수학을 찾다'는 수학이라는 학문이 변화해 온 과정을 통하여 수학이라는 학문을 되돌아봅니다. 수학은 인류의 오랜 역사와 함께 해 왔고, 인류의 문화에 미친 영향은 실로 크다고 할 수 있습니다. 1장 '수학이란 무엇인가'에서는 수학이라는 크고 광범위한 학문의 뿌리를 찾아보고, 수학이 발달해 온 역사 속에서 수학이 어떻게 규정되어 왔는지 살펴봅니다. 또한 학교수학에서 여전히 큰 비중을 차지하는 수학을 왜 배워야 하는지 생각해봅니다. 학교수학에서 발견되는 다양한 수학의 양식을 통해 수학이란 무엇인지 음미해봅니다. 2장 '역사 속에서 수학을 찾다'에서는 초등수학에서 가장 큰 비중을 차지하는 수와 사칙연산을 역사 속에서 만나봅니다. 수의 기원과 그 개념이 어떻게 발달해왔는지, 다양한 문명 속에서 수 표기 방식이 어떻게 나타났는지 살펴봅니다. 21세기를 사는 우리에게 사칙연산이나 몇몇 기하 문제들은 너무나 익숙한 것이지만, 수학하는 사람들이 현재의 알고리즘과 해법에 이르기까지 역사 속에서 더 쉽고 효율적인 길을 찾아 어떤 고민과 노력을 기울여왔는지 들여다봅니다.

2부 '수학과 만나다'는 수학과 서로 만날 것이라고 생각지 못했던 분야에서 수학을 만나는 장면들입니다. 흔히 수학이 논리적이고 추상적이기 때문에 감성적이거나 실용적일 수 없다고 생각합니다. 하지만 수학은 마치 두 얼굴처럼 논리만이 아니라 감성을 표현하는 곳곳에서 또는 실용이 강조되는 곳곳에서 만날 수 있습니다. 3장 '수학과 집짓다'는 우리의 삶의 터전을 만드는 건축에서 읽을 수 있는 수학을 소개하고, 집과 수학이 인간의 삶에서 어떻게 만나고 있는지 비의 값으로 살펴봅니다. 4장 '수학과 음악하다'는 피타고라스 학파의 음계와 평균율과 같이 음악을 수학적으로 해설할 수 있는 방식을 살펴보고, 최근 시도되고 있는 수학을 활용한 작곡을 소개합니다. 5장 '수학을 암호화하다'는 소수와 암호의 관련을 통하여 실용성과는 전혀 무관할 것 같은 정수론이 현대 암호의 토대가 되고 있는 원리를 알아봅니다. 6장 '수학으로 차원을 말하다'는 1, 2, 3차원을 2차원의 눈으로 바라보는 플랫랜드의 시선을 소개하고, 최근 프랙탈 기하의 소수 차원 개념을 살펴보고 다양한 프랙탈 도형의 소수 차원을 만나봅니다.

3부 '수학과 놀다'는 레크리에이션 속에 구현된 수학의 모습을 찾아봅니다. 수학은 놀이 문화 속에도 스며들어 있습니다. 자칫 딱딱하기만 할 것 같은 논리와 정확성을 기반으로 하는 다양한 활동 속에서도 사람들은 즐거움을 찾고 열광할 수 있습니다. 7장 '수학으로 스포츠를 과학화하다'는 우리를 열광하게 하는 스포츠에 수학이 어떻게 스며들어 있는지, 스포츠를 과학으로 만드는 데 수학이 어떠한 방식으로 기여하는지, 스포츠를 수학적으로 분석하는 사례들을 소개합니다. 8장 '퍼즐 속에서 수학의 논리를 배우다'는 다양한 퍼즐의 유형을 소개하고, 수학을 하면서 훈련한 논리적 사고가 어떻게 적용되는지 실제로 다양한 퍼즐을 풀어나가는 과정에서 확인해봅니다.

감사의 글

초등교사와 예비초등교사에게 수학교과를 더 넓은 시선으로 바라볼 수 있는 책이 필요하다고 이 책의 집필을 격려하고 지원해 주신 춘천교육대학교 수학교육과 신준식 교수님, 서동엽 교수님, 박성선 교수님, 박문환 교수님께 감사드립니다.

이 책이 나오기까지 지원해 주신 춘천교육대학교 출판부와 도서출판 하우 여러분에게 감사드립니다.

2018년 봄내의 가을날을 담아서

저자 김상미·고정화

차례

1부. 수학을 찾다

1장
수학이란 무엇인가

현재 대부분의 수학자가 동의하고 있는 수학은 양식의 과학(science of patterns)이라는 수학에 대한 정의가 출현한 것은 겨우 20년 정도 되었다. 수학자가 연구하는 것은 추상적인 '양식'(pattern), 즉 수치적 양식, 형태의 양식, 운동의 양식, 행동의 양식 등이다. 이러한 양식들은 사실적이거나 공상적일 수 있고, 시각적이거나 정신적일 수 있으며, 정적이거나 동적일 수 있고, 질적이거나 양적일 수 있으며, 순수하게 실용적이거나 단지 오락적인 흥미에 불과할 수 있다. 이것들은 우리 주위의 세계로부터 나타날 수 있고, 공간과 시간의 깊은 곳으로부터 나타날 수 있으며, 인간 정신의 내부 작용으로부터 나타날 수 있다.

― 데블린

1장. 수학이란 무엇인가

1. 수학의 기원 | 2. 수학 정의하기 | 3. 교육과정에서의 수학 | 4. 수학교실에서 수학 나누기

우리는 미 군정기의 교수요목으로부터 시작된 교육과정의 역사 속에서 수학이라는 과목을 계속 가르쳐왔다. 수학은 학생들이 배우기 어려워하는 과목이면서도 학교를 중심으로 한 제도권 교육에서 늘 중요한 위치를 차지해왔기 때문에 배워야 하고 더 나아가 잘 배워야 하는 것으로 여겨져 왔다. 하지만 수학이 일상생활에 가장 요긴한 단순 셈의 차원을 넘어서는 것임을 느끼는 순간, 손에 잡히지 않는 추상적이고 형식적인 수준을 경험하게 되면서 '수학을 왜 배워야 하는가?', '도대체 수학은 무엇인가?' 하는 의문을 떨칠 수 없게 된다. 사실 이러한 의문은 공부를 잘 하는 학생이든 잘 하지 못하는 학생이든 누구나 한번 쯤 품게 된다. 하지만 많은 이들이 선생님과 부모님이 부여하는 수학이라는 과목의 권위와 위상을 단순히 인정해버린다. 당장 객관적으로 확인되는 점수에 매여 이러한 질문 자체를 차단해버린다. 반면, 가끔 친절한 선생님과 진지한 부모님으로부터 그러한 질문에 깊은 공감을 얻어 나름의 설명을 듣거

나 함께 답을 찾아보는 행운을 얻는 이도 있을 것이다.

현재 끊임없이 배우기를 요구 받고, 또 잘 배우기를 기대 받는 학생들에게 '수학이란 무엇인가?', '우리는 수학을 왜 배워야 하는가?'라는 질문은 매우 절박한 것이다. 여기서는 교육과정, 교실 등 교육이라는 틀 속에서 그 답을 찾아본다.

1. 수학의 기원

수학은 다른 학문에 비해 그 역사가 오래되었다. 인류의 역사와 함께 해왔다고 해도 과언이 아니다. 학문의 역사가 길었던 만큼 수학이 다루는 범위와 양식 또한 시대에 따라 변화 확장되었다. 수학이 무엇인지 정의하기 어려운 이유가 거기에 있다.

1) 수학, 그 광범위함

'수학이란 무엇인가?'라는 질문에 대한 답을 찾기 위해 어디서부터 출발할 것인가? 일반적으로 수학이라는 학문이 발달해 온 과정을 살펴보면, 뿌리로부터 시작하여 줄기를 이루고, 줄기에서 가지로, 가지에서 작은 가지로, 그리고 그 작은 가지에서 더 가는 가지로 갈라져 온 것을 알 수 있다. 이는 생물학의 진화과정을 수목의 줄기와 가지의 관계로 나타내어 각 생물 간의 관계를 보여주기 위해 사용한 '계통수'로 설명할 수 있다. 초등학교 수학은 수와 연산, 도형, 측정, 규칙성, 확률과 통계 영역으로, 중학교 수학은 수와 연산, 문자와 식, 함수, 확률과 통계, 기하 영역으로 구성된다. 고등학교 교육과정은 중학교 수학의 영역과 공통된 영역을 기반으로 하는 공통 과목과, 각 영역의 발전된 영역을 다루는 선택 과목으로 구성된다. 교육과정이 바뀔 때마다 각 영역명이나 과목명이 바뀌어왔으나, 크게 보면 대수, 기하, 확률과 통계, 함수 등의 범주를 다루고 있다. 수학 전공이 시작되는 대학 교육과정에서는 현대대수학, 미분기하학, 집합과 수리논리, 수치선형대수, 수치해석, 위상수학, 기하대수, 대수기하학, 편미분방정식, 실변수함수론, 대수적 코딩이론, 푸리에해석과 응용, 카오스와 동역학계, 이산수학, 해석개론, 정수론, 복소함수론, 다변수해석학, 확률미분방정식, 과학

계산론, 고속 프로그래밍, 금융수학, 수학적 모델링, 최적화 이론, 선형대수학, 암호론 등 수학의 다양한 영역이 접목된 새로운 영역을 만나게 된다. 더 나아가 세부 전공에 이르게 되면 시각모델, 청각모델, 발성모델, 중추신경계의 계층모델과 같은 신경과학의 수학적 모델, 스토케스틱 기하학, Seiberg-Witten 이론, Gromov-Witten 이론, Mirror symmetry 등 이름만으로는 짐작조차 할 수 없는 내용으로 확장된다. 동물의 표피 무늬를 연구하는 튜링 방정식 등은 수학이 우리가 사는 세계의 어느 부분까지 설명할 수 있는지 가늠하기 어려울 정도로 방대한 영역을 망라할 수 있음을 보여준다. 이처럼 오늘날의 수학은 매우 복잡하고 세분화되어 쉽게 정의하기 어렵다.

2) 수학의 뿌리, 수 · 양 · 모양

수학이 이미 거대한 계통수를 이루고 있기 때문에 전체를 이해하는 것은 불가능에 가깝다. 그럼에도 불구하고 우리는 수학을 이해하기 위한 기초로 먼저 그 뿌리에 주목해야 한다. 수학의 뿌리, 그것은 인류사에서 확인되는 바와 같이, 수, 양, 모양의 개념에서 찾을 수 있다. 오늘날 수학이라고 일컬어지는 것들의 대부분은 그러한 개념에 초점을 맞춘 사고로부터 발생했다고 할 수 있다. 수학을 "수와 양에 관한 학문"이라고 정의하는 것은 이미 낡은 것이 되어 버렸지만 그러한 정의는 여전히 수학의 기원이 어디에 있는지 보여준다.

수, 양, 모양이라는 개념과 관련된 원시적 개념들은 인류 역사의 초기까지 거슬러 올라간다. 또한 수학적 개념의 어렴풋한 윤곽 역시 그들의 삶의 양식에서 발견된다. 단치히는 <수: 과학의 언어>에서 까마귀가 사물의 개수를 구별하는 능력을 지니고 있음을 보여주는 사례를 제시하고 있다. 어떤 귀족이 자신의 탑에 둥지를 튼 까마귀를 없애려고 했는데, 사람이 접근하면 까마귀는 둥지를 떠나 멀리 나무에서 지켜보고 있다가 그 사람이 떠난 다음 탑으로 돌아가곤 했다. 이를 깨달은 귀족은 두 사람을 동시에 탑에 들어가게 하고 그중 한 사람을 남겨두고 나머지 한 사람만 나오게 하였다. 하지만 까마귀는 한 사람이 여전히 탑에 남아있다는 것을 알고는 둥지로 돌아오지 않았다. 세 사람이 들어갔다가 두 사람이 나오게 하여도 까마귀는 속지 않았다. 이런 방식으로 사람을 늘려갔더니 다섯 사람이 들어가고 네 사람이 나오게 되었을 때 비로소 까마귀가 둥지로 돌아왔다. 이를 두고 까마귀가 사물의 개수를 세는 능력이 있다고 말하는 사람도 있다. 하지만 수 세기 능력이 다소 복합적인 지적 능력임을 감안하면 까마귀가 현대적으로 이야기 하는 수의 개념을 이해하였다거나 셈을 할 줄 안다고까지 평가할 수는 없지만, 적어도 사물의 개수를 직관적으로 인식하는 느낌을 가지고 있다고 할 수 있을 것이다. 또한 형태 또는 관계와 관련되는 패턴의 차이에 대한 인식 역시 더 하등 생물에서도 명확히 나타난다. 하물며 인간이 이러한 개념에 대한 인식을 가지고 있었다는 것은 이론의 여지가 없다.

한편, 수학은 우리의 감각적인 경험 세계와 직접적으로 관련된 것으로 생각되었으며, 순수 수학이 자연의 관찰이라는 한계에서 자유로워진 것은 19세기에 이르러서였다. 즉, 원래 수학은 인류의 일상적인 삶의 한 부분으로 발생하였다. 더불어 인류가 지금까지 지속할 수 있었던 것은 수학적 개념을 발달시켜 온 것과 무관하지 않다. 역사적으로 볼 때, 수, 양, 형태의 개념은 그 유사성보다는 차이와 관련되어 왔다. 예컨대, 늑대 한 마리와 여러 마리 사이의 차이라든가, 작은 물고기와 고래의 크기의 차이, 둥그런 달과 쭉 뻗은 나무 등과 같은 차이에 주목했다. 점차 무질서한 경험의 혼돈 속에서 유사성이 존재한다는 것을 인식하기 시작했다. 수와 형태의 유사성에 대한 인식으로부터 수학이 탄생하게 된 것이다. 차이 그 자체는 오히려 유사성에 주목하게 하였다. 늑대 한 마리와 여러 마리, 양 한 마리와 양 떼, 나무 한 그루와 숲을 대비시키는 과정에서 늑대 한 마리, 양 한 마리, 나무 한 그루가 공통점, 즉 고유한 특성을 가진다는 것이 드러나게 된 것이다. 동일한 방식으로 특정한 두 그룹 사이의 일대일 대응을 알아차리게 된 것이다. 우리가 수라고 부르는, 특정 그룹이 공통적으로 지니는 추상적인 성질의 인식은 현대 수학을 향한 긴 여정을 보여준다.

이처럼 수에 대한 인식은 인류 문명 발달에서 불의 사용만큼이나 일찍 인식되어 점진적으로 발달해온 것으로 보인다. 초기 인류는 단지 두 개까지만 세었으며 그 이상은 "많은" 것으로 간주하였다. 오늘날 대부분의 언어가 수를 단수와 복수 두 가지로만 구분하는 것에 반해, 몇몇 언어들은 하나, 둘, 둘 이상과 같이 세 가지로 구분한다.

예를 들어 나무를 뜻하는 한자는 木는이고, 나무 두 그루가 있는 林은 숲이며, 나무 세 그루가 있는 森은 나무가 빽빽하게 들어선 모양을 뜻한다. 프랑스어에서 3을 뜻하는 trois와 '매우'라는 뜻의 très, '그 이상으로'를 의미하는 전치사 trans 사이에 어원적 근친성이 있다. 이는 수 개념의 발달이 길고 점진적인 과정이었음을 보여준다.

　수학적 체계를 갖추어 설명하기 전부터 산술이나 기하가 시작되었기 때문에 수학의 기원에 관한 설명은 어느 정도 위험성을 내포한다. 실제로 헤로도토스나 아리스토텔레스는 수학의 기원을 이집트 문명에 앞서는 것이라고 주장하는 위험을 감수하려 하지 않았다. 하지만 그들이 기하의 뿌리가 훨씬 더 이전에 있다고 생각했다는 것은 명백하다. 헤로도토스는 기하가 매년 발생하는 이집트 강의 범람 후 땅을 측정하고자 하는 실제적 필요에 의해 발생했다고 믿었다. 아리스토텔레스는 이집트에 기하를 추구하는 성직자들의 여가 수업이 있었다고 주장하였다. 이들은 각기 수학의 출발에 관한 두 가지 상반된 이론을 대표한다. 전자는 실제적 필요에서, 후자는 성직자의 여가 생활이나 종교적 의식에서 기하의 기원을 찾고 있다. 하지만 이집트 기하를 "측량사(rope-stretchers)"라 부른다는 사실과 측량을 위한 밧줄이 성전의 설계나 구분이 없어진 경계의 재정비에 사용된다는 점은 두 이론 모두를 지지한다고 할 수 있다. 다만 수학의 기원에 관해 두 사람 모두 그 기원을 과소평가했다는 점은 명백하다. 석기 시대의 사람들이 여가나 측정의 필요성을 가지지 않았음에도, 그들의 그림이나 디자인은 여전히 길을 포장하는 공간적 관계에 관심이 있었다는 것을 보여주며 이는 기하와 관련된 것이기 때문이다. 도자기, 직물, 바구니 세공 역시 초등 기하의 본질적인 부분을 이루는 합동과 대칭의 예를 보여준다.

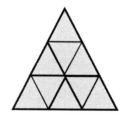

　기록이 존재하지 않기 때문에 이러한 특수한 디자인으로부터 이론이 어떻게 발전해

왔는가 추적하는 것을 불가능하다. 하지만 특정 개념의 기원이라고 보는 것이 사실은 휴면기에 있던 훨씬 더 이전의 아이디어를 재현한 것일 수도 있다.

그 옛날 인류가 공간적 디자인이나 공간적 관계에 대해 가져온 관심은 심미적 느낌과 형의 아름다움을 즐기는 데에서 나왔을 수도 있다. 이러한 것은 오늘날 수학을 실행하는 동기로 작용하기도 한다. 초기 기하학자 중에는 측정이라는 실제적 필요보다는 수학을 하는 순수한 즐거움 때문에 그러한 작업을 해온 사람도 있을 것이다.

하지만 또 다른 이유로 기하의 기원을 원시적인 의식적인 관습에서 찾을 수도 있다. "rules of the cord"라고 하는 인도의 "술바수트라스(Sulvasutras)"라는 것이 그것이다. 재단이나 성전 건축에 활용된 단순한 관계인데 이집트의 측량술과 유사하다. 이들은 차이는 있지만 신화로부터 과학이, 신학으로부터 철학이 발전한 것과 같은 방식으로 원시적인 제사 의식과 기하가 관련된다는 공통점이 있다.

이처럼 기하는 건축이라는 실제적 필요성, 측량술, 디자인이나 순서에 관한 심미적 느낌에 의해 자극 받았을 수 있다. 우리는 인류로 하여금 세고, 측정하고, 그리도록 초래한 것이 무엇인가를 추측할 수 있을 뿐이다. 따라서 수학의 출발점이 고대 문명보다는 오래되었다는 것이 명백할지라도 우리는 기껏해야 이러한 문제에 대한 판단을 유보하고 우리에게 주어진 기록 문서에서 발견되는 수학사의 안전한 기초로 돌아갈 수 있을 뿐이다.

2. 수학 정의하기

1) Mathematics

어떤 대상을 이해하는 데 있어 이름이 가지는 의미를 이해하는 것은 가장 기본적이고 중요하다. 따라서 수학이라는 명칭이 어디에서 유래하였는가 하는 것은 수학이라는 대상을 이해하는 데 기초가 된다.

수학이 무엇인가 이해하기 위해 그 언어적 근원을 찾은 몇몇 학자들이 있다. 버튼(Burton)에 따르면, 수학에 해당하는 영어 단어 'Mathematics'는 그리스어 'mathemata'

에서 기원한 것으로, 일반적으로 초기 기록물에는 교육 또는 학문을 위한 교과를 가리키는 데 사용되었다. 우아크닌(Ouaknin)은 그리스어 'ta mathémat'가 '배울 수 있는 것', 따라서 '가르칠 수 있는 것'이라는 뜻을 가진 그리스어라고 말한다. 프랑스어의 'Manthanein'은 '배우다'라는 의미를 가지고 있고, 'mathésis'라는 말은 '어떤 것에 대해 배우는 것'과 '어떤 것에 대해 가르치는 것'이라는 이중의 의미를 가진 '교습'을 의미한다고 설명하고 있다. 이정례는 수학을 나타내는 그리스어가 '배우다'는 뜻의 그리스어 'Manthano'와 '과학'이라는 뜻의 'Mathema'에서 유래한 것으로서, '배우고, 생각하고, 사고하는 과학'에서 유래하였다고 설명한다. 수학이라는 말이 처음 사용될 때에는 현재 우리가 사용하는 특정 학문에 한정된 것이 아니라 보다 포괄적인 의미를 지닌 것이었다. 학문이 발달함에 따라 이 용어는 특정 지식 영역을 한정하는 것이 되었다. 예컨대, 피타고라스는 이전에 각각 별도의 이름을 지니고 있을 뿐 공통으로 지칭할 마땅한 명칭이 없던 산술과 기하를 통칭하여 설명하는 데 이 용어를 사용하였다. 이 때문에 수학이 고대 그리스에서 B.C.600년과 B.C.300년 사이에 시작되었다는 관념이 생겨나게 되었다. 수학을 지칭하는 용어의 기원과 그 용어의 의미에 포괄되는 범주가 변화함에 따라 수학에 대한 인식도 변화해왔다는 것을 알 수 있다.

2) 數學

우리나라에서 사용하는 '수학(數學)'이라는 표현은 '수를 배우는 학문'이라는 의미를 내포하고 있다. 이는 그 용어의 어원과 무관하게 '수'와 '계산'의 의미를 짙게 내포하고 있다. 폴리아(Polya)는 용어의 힘이라는 것은 말하는 사람이 만들어내는 그 음성, 곧 '열변' 속에 있는 것이 아니라 그 용어가 상기시켜 주는 관념 가운데, 그리고 궁극적으로 그러한 관념이 근거하고 있는 사실에 있다고 하였다. 우리가 사용하는 '수학'이라는 용어가 '수'라는 관념을 상기시켜 '수와 계산을 다루는 학문'이라는 좁은 의미를 강하게 떠올리게 한다면, 이는 수학을 가르치고 배우는 과정에서 수학에 대한 인식에 적지 않은 영향을 줄 것으로 보인다.

3) 수학에 대한 한마디

수학이 발달해 온 역사를 고려할 때 수학을 한마디로 정의하기는 어렵지만, 그동안 수많은 학자들이 수학의 본질을 반영하여 공식적으로 또는 비공식적으로 수학이란 무엇인가에 대해 답하고자 시도하였다. 이는 개별 수학자들이 경험한 수학의 세계를 반영하며, 또한 수학에 대한 자신의 철학적 입장을 반영한다.

앞에서 살펴본 바와 같이 현대의 수학자는 간단하게 정의할 수 없는 아주 복잡한 지적 활동을 하고 있다. 수학이라는 학문의 대부분은 수, 양, 모양이라는 개념을 중심으로 발전해 온 것이다. 따라서 수학을 '수와 크기의 과학'이라고 정의하는 것이 그 학문의 발생적 측면을 드러낸다는 점에서 그다지 큰 무리는 없었다고 할 수 있다.

한편, 20세기 초에 격렬한 논쟁이 있었던 수학기초론과 관련하여 철학적 입장에 따라 수학의 본질에 관한 입장이 상이하다. 수학적 지식이 안전한 기초 위에 있다고 믿는 절대주의적 입장에서 보면, 수학은 '절대적으로 존재하는 관계를 발견하는 과정', '공리와 논리의 추론 규칙만으로 증명해가는 체계', '논리적인 모순이 없는 의미 없는 기호로 표현하는 형식적인 게임'이기도 하다. 구체적으로 막스 블랙은 수학을 "기호로 표현되는 것의 구조를 연구하는 모든 기호체계의 문법"이라고 하였으며, 화이트헤드는 "모든 유형의 형식적이고 필연적인 연역적 추론"이라고 하였다. 클라인은 "창조적인 과정으로 실제적인 문제에서 개념을 찾고 이상화하며, 관련이 있는 여러 체계를 개념화하여 문제를 설정하고 가능한 해를 직관적으로 이끌어 내는 동시에 그 예상을 연역적으로 증명하는 것"으로 정의하였다. 하지만 실제로 수학적 지식이 성장해 온 과정에 주목한 준경험주의적 입장을 대변하는 라카토스에게 수학은 '추측과 증명과 반박에 의해 성장하는 준-경험과학'이다.

데블린(1994)은 '수학이란 무엇인가?'라는 질문에 대한 답이 역사적으로 여러 차례 바뀌었다고 말한다. 기원전 500년경까지 수학은 이집트와 바빌로니아 수학의 시대로 '수에 대한 연구'였다고 할 수 있다. 이 시기의 수학은 실용적 기술, 즉 답을 얻는 기술을 가르쳐주는 일종의 요리책과 같았다. 이후 기원전 500년부터 기원후 300년경까지 그리스에서 기하학이 꽃피우면서 수학은 '수와 형태에 대한 연구'였다. 이 시기의 수학은 세고 계산하기 위한 기술을 넘어 심미적, 종교적 요소를 지닌 지적 탐구의 대상이 되었다. 그 후 17세기에 이르기까지 큰 변화가 없다가 17세기 중엽 미적분학의 등장으로 수학은 정적인 문제들에 대한 탐구에서 운동과 변화에 관한 탐구로 옮겨 가게 되었다. 그에 따라 행성의 운동, 낙하 물체의 운동, 기계의 작동, 기체의 팽창, 물리적 힘, 식물과 동물의 성장, 유행병의 확산, 이윤의 변동 등을 연구하게 되었다. 수학은 '수, 형태, 운동, 변화, 공간에 대한 연구'가 되었다. 18세기 중엽에 이르면 수학의 응용만이 아니라 수학 자체에 대한 관심이 증가하게 되었고, 19세기 말에 이르러 수학은 '수, 형태, 운동, 변화, 공간, 그리고 이런 연구에 사용되는 수학적인 도구에 대한 연구'가 되었다. 20세기 이후에는 수학적 지식이 폭발적으로 증가함에 따라 수학을 한마디로 정의하는 것이 어려워졌다. 오히려 수학자가 생계를 위해 하는 것으로 정의하는 것이 가장 간단한 답이라고 말해지기도 했다. 이처럼 수학을 규정하기 어려운 상황이 되었지만, 현재 대부분의 수학자가 동의하고 있는 수학에 대한 정의는 '양식의 과학'이다. 즉, 수학자가 연구하는 것은 수치적 양식, 형태의 양식, 운동의 양식, 행동의 양식 등과 같은 추상적인 '양식'이다. '양식의 과학'은 수학이 우리가 살고 있는 물리적, 생물학적, 사회적 세계, 우리의 마음과 생각이라는 내적 세계를 모두 관찰하는 방법임을 드러내고 있다. 우리의 사고, 통신, 계산, 사회, 삶 자체가 추상적인 양식이다. 결국 추상적 양식의 과학인 수학은 우리 삶의 모든 면에 크고 작은 영향을 미치며 수학에 대한 강력하고 유효한 정의로 남아 있다.

생각해 보기

1.1 수학 정의해 보기

수학이란 무엇인가라는 질문에 대해 각자의 생각이 모두 다를 수 있다. 지금까지의 나의 경험에 비추어 수학을 정의해 보자.

3. 교육과정에서의 수학

인류사 또는 수학사에서 논의된 수학의 발생 및 정의와는 별개로 현재를 사는 우리는 여전히 '우리는 수학을 왜 배워야 하는가?'라는 고민에 직면하게 된다. 여기서는 교육과정, 교실 등 교육이라는 틀 내에서 그 질문에 대한 답을 찾아본다.

1) 초등교육에서 수학의 위치

우리나라는 초·중등학교 교육과정이 추구해 나가야 할 교육적 인간상을 제시하고 있다. 인격 도야, 자주적 생활 능력과 민주 시민으로서 필요한 자질을 갖춘 인간다운 삶, 민주 국가의 발전과 인류 공영의 이상 실현 등이다. 구체적으로는 자주적인 사람, 창의적인 사람, 교양 있는 사람, 더불어 사는 사람이 우리 교육과정이 추구하는 인간상이다. 최근에는 이러한 인간상을 구현하기 위해 중점적으로 기르고자 하는 능력을 '핵심역량'이라는 말로 표현하고 있다. 자기관리 역량, 지식정보처리 역량, 창의적 사고 역량, 심미적 감성 역량, 의사소통 역량, 공동체 역량이 그것이다. 교육과정의 편성과 운영은 이러한 목표를 달성하기 위해 이루어진다. 초등학교 교육과정에서 수학은 교과(군) 중 하나로 편성되며, 시간 배당에 있어서도 단일 교과로는 국어 다음으로 많은 비중을 차지한다.

그렇다면 수학은 교육과정이 추구하는 인간상을 달성하는 데 어떤 방식으로 기여하며, 그만큼의 비중을 가지고 가르칠 교과인가? 전통적으로 교육 내용의 기초는 '읽기, 쓰기, 셈하기'이며, 국어사용 능력과 수리력은 학습의 밑바탕이며 일상생활에서 인간적인 삶을 영위하기 위해 필요한 가장 기초적이고 기본적인 능력이다.

이와 관련하여 수학교육계에 큰 영향을 끼친 인물 중 한 사람인 폴리아는 적절히 가르치고 배운다면 '수학은 지력을 증진시킨다'고 하였다. 그리스의 플라톤, 피타고라스를 인용하지 않아도 인류사적으로 수학은 지혜의 숫돌이요 정신 도야재이자 과학의 도구로 인정되어 왔다. 페스탈로치는 세는 일, 계산하는 일이야말로 두뇌의 모든 질서의 근원이라고 하였다. 수학은 생각하면서 배우고, 배우면서 생각하는 데 가장 적합한 교과라는 것이다. 사실 폴리아가 말한 지력의 증진은 곧 사고 교육을 의미하며, 이것이야말로 수학을 가르치는 근본적인 이유라는 것이다. 하지만 이러한 생각에 끊임없이 의문이 제기되는 이유는 학교 수학이 그러한 본질적인 측면을 충족시켜주지 못하는 형태로 교육되어져 왔기 때문이다. 학력 위주의 사회에서 시험 성적이나 결과가 지나치게 강조되다 보니 계산법과 알고리즘과 같은 기계적이고 암기 위주의 학습에 치중하게 되었고, 그 결과 학생들은 한 문제를 끈질기게 고민하면서 다양하게 사고하는 유연성과 발전적인 적용 가능성을 놓치게 되었다. 수학 교육을 통해 달성하고자 한 본래 목표인 수학적 사고 발달, 지력의 발달이 암기 위주의 계산법과 알고리즘에 밀리게 된 것이다. 혹자는 이를 '내비게이션 수학'이라고 표현하였다. 내비게이션의 지시대로 운전해 정확하게 목적지에 도착했지만 정작 어떤 길을 따라 운전했는지 알지 못하는 것과 같다는 것이다. 수학을 배우는 것은 목적지를 향해 가는 과정에서 내가 지나가는 길이 어디인지 살피고, 그 과정에서 만나게 되는 다양하고 멋진 풍경에 감탄하는 경험이라고 할 수 있다. 이와 같은 경험이 충분히 이루어질 때, 수학은 교육 과정에서 차지하는 비중에 걸맞은 교과로서의 지위를 확보할 수 있을 것이다.

2) 수학을 가르치는 이유

수학과 교육과정의 문을 여는 '수학과 성격'에는 수학의 특성과 더불어 수학을 통해 기를 수 있는 역량들을 기술하고 있다. 수학의 규칙성과 구조의 아름다움, 문제 해결, 창의·융합적 사고, 추론 능력, 의사소통과 정보처리 능력, 수학의 가치 인식 및 민주 시민 의식 등은 수학을 가르치는 이유이자, 배움을 통해 얻어야 할 목표이기도 하다. 수학을 수행하는 과정에 주목하여 본다면 수학을 가르치는 이유는 논리적 사고의 발달이라고 할 수 있다. 수학적 구조의 아름다움은 논리적 과정 속에서 느낄 수 있으며, 문제해결 과정의 핵심은 논리적 사고에 있다고 할 수 있을 것이다. 심지어 수학을 가르치는 이유로 다소 낯설게 느껴지는 민주 시민 의식을 갖추는 것은 다름 아닌 합리적 의사결정이며, 이는 곧 논리적 사고라고 해도 무방할 것이다. 논리적 사고에서 논리란 '말이나 글에서 사고나 추리 따위를 이치에 맞게 이끌어 가는 과정이나 원리'이며 이는 '알고 있는 사실, 즉 전제, 약속, 공리, 이미 증명된 성질로부터 타당한 추론의 과정을 거쳐 얻으려는 결론에 도달하는 것'이다. 합리적 사고 역시 '타당하고 적절한 이유나 증거에 입각하여 타당한 신념을 형성하고 그러한 신념에 입각하여 자신의 행위를 계획하고 수행해 나아가는 것'을 의미한다.

한편, 논리적 사고 발달을 특징으로 하는 수학과 합리적 의사결정을 특징으로 하는 민주주의 사이의 고리는 그리스에서 찾을 수 있다. 수학은 바로 그리스인들의 합리성, 논리성을 설명해 줄 수 있는 결정적인 요인이다.

고대 그리스에서 수학은 이집트와 바빌로니아 수학의 영향을 받아 대략 기원 전 7세기경부터 그들 나름의 독특한 수학의 세계를 구축해왔다. 그리스의 가장 큰 특징 중의 하나는 '어떻게'와 '왜'라는 질문을 바탕으로 한 사고를 추구했다는 점이다. 그리스인들이 어떤 배경 가운데 합리적 사고를 추구해가게 되었는가에 관해서는 다양한 관점에서 설명할 수 있다. 흔히 자연과 인간에 대한 철학적 사유가 그리스 사람들에 의해 시작되었다고 한다. 그리스 철학은 밀레토스에서 시작되었으며, 철학자들은 해답보다는 질문 자체, 즉 인간과 우주에 관한 물음을 중요한 것으로 여겼다. 이러한 철학자들 중에는 특별히 수학에 큰 관심을 갖고 탐구한 사람들이 있었으니, 탈레스와 피타고라스가 대표적이다. 탈레스는 만물의 기원을 '물'로 보았으며, 피타고라스는 만물의 근원을 '수'라고 보았다. 이들의 관심은 만물의 기원 및 근원, 즉 '어떻게 해서 이 우주가 존재하게 되었는가?'와 같은 질문을 제기하고 그에 대한 답을 구하고자 하였다. 이후 그리스 철학자 소크라테스는 철학적, 정치적, 사회적 주제에 관해 질문을 제기하고 토론하는 과정을 통해 지혜를 찾아가는 대화법을 보여주었다. 그는 질문을 통해 상대방의 대답을 유도하고 그것이 어떤 측면에서 타당하지 않은지 상대방의 주장을 논파해가는 과정을 통해 상대방의 무지를 드러내었다. 이러한 소크라테스의 대화법은 제자 플라톤의 <국가>, <향연>, <메논> 등과 같은 저서에 잘 드러나 있다. 다음은 소크라테스가 대화법을 통해 사동의 무지를 드러내며 진리에 이르게 되는 과정을 보여준다.

소크라테스 : 얘야, 너는 넓이가 두 배인 정사각형은 변의 길이가 두 배가 되어야 한다고 생각하지? 이 변은 길고 이 변은 짧은 그런 사각형이 아니라, 네 변이 모두 같은 정사각형, 그리고 넓이가 이것의 두 배인 정사각형을 이야기하고 있다는 것을 생각해 봐. 그래도 아직 변의 길이가 두 배로 되어야 한다고 생각하니?

사동 : 물론입니다.

소크라테스 : 여기(AB)에 이만큼(BE) 덧붙이면 이것(AE)은 이것(AB)의 두 배로 되겠지?

사동 : 그렇습니다.

소크라테스 : 이런 변 네 개로 되는 정사각형의 넓이가 8평방 피트가 된단 말이지?

사동 : 네.

소크라테스 : 그럼, 이 변 위에 같은 네 개의 변을 그려보자. 이것이 넓이가 8평방 피트짜리 정사각형이란 말이지?

사동 : 그렇습니다.

소크라테스 : 그런데 이 속에는 정사각형이 네 개가 있고 각각의 넓이는 4평방 피트가 아니냐?

사동 : 그렇습니다.

소크라테스 : 그럼 몇 평방 피트가 되느냐? 이것의 네 배가 아니냐?

사동 : 그건 그렇습니다.

소크라테스 : 그런데 네 배와 두 배는 다르지 않느냐?

사동 : 다릅니다.

소크라테스 : 그러니까 얘야, 변의 길이가 두 배가 되면 넓이는 두 배로 되는 것이 아니라 네 배로 되는 것이다.

사동 : 그렇군요.

이러한 그리스의 철학적 탐구 방법에서 수학이 차지한 위치는 플라톤이 후학을 양성하기 위해 설립한 고등교육기관인 아카데미에서 확인할 수 있다. 아카데미에서는 윤리학, 법학 이외에 기하학을 중시하여 필수적인 과목으로 가르쳤다. 널리 알려진 것처럼 그의 아카데미 입구에는 '기하학을 모르는 사람은 이곳에 들어오지 마라'라는 문구가 적혀 있었다. 기하학은 그리스 철학을 받치는 든든한 기둥이 되었다고 할 수 있다.

고대 그리스는 도시국가를 형성하면서 아고라, 즉 광장을 중심으로 정치와 재판 등 사회 문제에 관해 열띤 토론을 하였다. 서로 각자의 논리를 제시하고 논박하면서 의사결정을 해나가는 과정은 그리스인들의 합리성 추구에 큰 영향을 미쳤다고 할 수 있다. 합리성을 추구하는 그리스인들의 성향이 그리스의 수학을 만들어낸 것인지, 반대로 논리적이고 합리적인 설명을 추구하는 그리스 수학이 그들로 하여금 합리성을 추구하도록 한 것인지 그 선후 관계는 뒤로 하더라도, '어떻게'와 '왜'를 끊임없이 탐구하고자 하였던 그리스 수학이 그리스의 철학적 사유 방식, 그리고 특정 문제나 사안에 대해 합리성을 추구하는 데에 미친 영향은 분명해 보인다.

그리스 수학은 고대 이집트와 바빌로니아 수학의 영향을 받은 것으로 알려졌다. 그러나 그리스 수학이 이들 수학과 구별되는 이유는 경험적인 수학에 머물렀던 이집트와 바빌로니아 수학과 달리 논증적인 방식으로 변화를 꾀했다는 데에 있다. 예컨대, 탈레스는 우리가 중등 수학에서 배워서 익히 알고 있는 다양한 명제들을 증명하였다. 중학교에서 논증 수학을 배울 때 가장 먼저 증명하는 명제인 '이등변 삼각형의 두 밑각은 서로 같다'와 단순하면서도 증명의 묘미를 보여주는 명제인 '교차하는 두 직선에 의해 이루어지는 두 맞꼭지각은 서로 같다' 등이 대표적이다. 탈레스로부터 기원한 논리적 추론, 즉 '증명'은 수학에 대한 관점을 근본적으로 바꾸었으며, 직관이나 실험, 경험 대신 논리적으로 사고하는 것이 수학의 정신임을 보여주었다.

그리스의 논증 수학은 유클리드에 이르러 절정을 이루게 되었다. 그는 2000년 이상 기하 교육을 지배한 <원론>의 저자이다. 그는 기하학을 좀 더 쉽게 배우는 방법을 묻는 왕에게 '기하학에 왕도는 없다'라고 하였고, '배움에서 이득을 얻기 바라니 동전한 닢을 주어라'라고 하며 학문 자체의 가치를 역설한 바 있다. 유클리드를 오늘날까지 위대한 사람으로 기억하게 만든 것은 <원론>이다. 유클리드는 새로운 수학적 사실을 발견하기보다는 기존에 발견된 중요한 기하학적 사실을 체계적인 형식으로 기록하였다. 여기서 체계적이라 함은 내용을 전개해 나가는 방식이 공리적이고 연역적이라는 의미이다. 그는 책의 첫머리를 23개의 정의, 5개의 공리, 5개의 공준을 제시함으로써 시작하고 있다. 그리고 그러한 정의, 공리, 공준이라는 일종의 전제로부터 명제들을 논리적으로 이끌어내고 있다. 그렇다고 공리나 공준이 대단히 많은 사실들을 함의한 복잡한 내용은 아니다. 공리는 원리를 뜻하는 것으로 일반 사람들이 쉽게 인정할 수 있는 명제이며, 공준은 기하학의 논리 전개에 필요하여 증명 없이 사용할 수 있도록 요청하는 명제이다. 물론 수학사에서 제5공준은 수많은 논쟁의 대상이 되었고, 궁극적으로는 비유클리드 수학을 탄생시키기도 하였다. 또한 원론에 제시된 명제의 증명 과정이 엄밀하지 못한 부분도 존재한다. 하지만 그렇다고 해서 원론의 의의가 퇴색되는 것은 아니다. 원론은 역사상 성경 다음으로 널리 사용되고 읽히고 편집되고 연구되었다. 무엇보다 공리와 공준으로부터 논리적 추론을 통해 명제를 얻어 학문적 체계를 형성한 기하학은 '학문의 전형'으로 일컬어졌다. 단순히 자신의 견해를 억지로 주장하거나 상대방을 강제하지 않고, '어떻게', '왜' 그러한 견해가 타당한지를 논리적으로 이끌어내는 자세야말로 민주주의 사회에서 민주 시민의 자질로서 갖추어야 할 가장 필요한 덕목이며 수학을 가르쳐야 할 중요한 이유가 된다.

생각해 보기

1.2 왜 수학이어야 하는가
흔히 수학은 논리적 사고를 기르기 위해 배운다고 말한다. 논리적 사고력은 다른 교과보다 수학을 통해 더 잘 기를 수 있는 것일까? 각자 입장을 정리해보고 그 이유를 가급적 논리적으로 적어보자.

4. 수학교실에서 수학 나누기

양식의 과학이라는 관점에서 보면, 수학은 수치들 속에서, 형태 속에서, 운동 속에서, 행동 속에서 일정한 양식, 곧 패턴을 찾는 활동이다. 여기서는 양식으로서의 수학을 경험할 수 있는 몇 가지 사례들을 생각해 본다.

1) 수의 패턴

가우스가 초등학교에 다닐 때, 선생님께서 얼마간의 시간이 걸릴 것으로 예상하고 제시한 1부터 100까지의 수의 합을 가우스가 손쉽게 구하였다는 일화는 유명하다. 가우스는 다음과 같은 수치적 배열을 이용하여 아주 손쉽게 합을 구하였다.

$$1 \ + \ 2 \ + \ 3 \ + \ \cdots \ + 98 + 99 + 100$$
$$100 + 99 + 98 + \ \cdots \ + \ 3 \ + \ 2 \ + \ 1$$

이 방법은 매우 지루한 계산을 피할 수 있는 수치적 패턴의 발견이라고 할 수 있다. 가우스가 합을 구하는 과정에서 착안한 수치적 패턴은 위와 같이 수를 배열하면 첫째 줄의 수는 하나씩 증가하고, 둘째 줄의 수는 하나씩 감소하여 같은 위치에 있는 두 수를 더하면 그 합이 항상 일정하다는 것이다. 가우스의 방법은 임의의 자연수에 대해서도 적용된다. 더 나아가 등차수열의 일반항을 구하는 급수로까지 연결된다는 점에서 이 패턴의 발견은 상당히 강력하다고 할 수 있다.

수학적 귀납법은 자연수와 관련된 성질을 증명하는 강력한 증명 방법이다. 수의 패턴이라는 주제와 관련하여 자연수와 관련된 많은 패턴을 증명하기 위해 사용되는 수학적 귀납법을 살펴보자. 자연수는 어떤 수가 주어지면 바로 앞의 자연수와 바로 다음의 자연수가 무엇인지 말할 수 있는 독특한 성질을 가지고 있다. 이와 같이 특정 수에 1을 더하여 다음 수를 만들어내는 과정을 통해 자연수는 무한히 생성된다. 이러한 성질 때문에 자연수에 관해 성립할 것으로 생각되는 어떤 양식에 대해 모든 경우를 일일이 확인하지 않아도 모든 자연수에 대해 성립한다는 것을 보증할 수 있다. 다음의 예를 살펴보자.

$$
\begin{aligned}
1+3 \qquad &= 4 \ = 2^2 \\
1+3+5 \qquad &= 9 \ = 3^2 \\
1+3+5+7 \qquad &= 16 = 4^2
\end{aligned}
$$

$$\cdots$$

몇 가지 사례를 살펴보면 이런 패턴이 영원히 계속될 것이라고 추측할 수 있으며, 사례를 몇 개 더 살펴보면 다음이 성립할 것이라는 사실이 상당히 설득력 있게 느껴진다.

$$1+3+5+7+ \ \cdots \ = (2n-1) = n^2$$

하지만 백만 개 이상의 사례에 대해 특정 성질이 성립하더라도 그 이후에 반례가 나타나 성질이 거짓임이 드러나기도 한다. 따라서 이러한 패턴이 모든 자연수 n에 대하여 성립한다는 것은 사례를 확인하는 방식의 귀납적 방법으로는 설득할 수 없다. 바로 여기에서 수학적 귀납법이 사용된다. 수학적 귀납법은 자연수를 정의하는 페아노 공리로부터 유도되는 수학적 귀납법을 통해 자연수와 관련된 다양한 성질, 즉 다양한 수 패턴을 유도할 수 있다.

2) 도형의 패턴

유클리드 원론의 정리 중 학교수학에서 경험하는 대표적인 것 중의 하나가 피타고라스 정리이다. 피타고라스 정리는 다음과 같이 기술된다.

> 정리 I.48 삼각형에서 한 변의 길이의 제곱이 나머지 두 변의 길이의 제곱의 합과 같으면, 나머지 두 변의 사이에 끼인각은 직각이다.

이미 체계화된 수학으로 이 정리를 접하는 경우 이 패턴에 대한 감동은 그리 크지 않을 것이다. 하지만 우리가 상상할 수 있는 모든 형태의 직각삼각형에 관해 빗변과 다른 두 변 사이에 일정한 관계, 즉 동일한 패턴이 나타난다는 사실을 알게 된다면 감동은 배가 될 것이다.

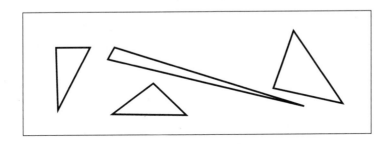

다른 한 예로, 고등학교 과정에 나오는 이차곡선을 들 수 있다. 흔히 원뿔곡선이라고 일컬어지는 원, 타원, 포물선, 쌍곡선은 두 개의 원뿔을 여러 가지 단면으로 잘랐을 때 나타나는 곡선이다.

출처 : Wikipedia

위와 같이 각도를 변화시키면서 원뿔의 단면을 자를 때 나타나는 곡선은 다양한 형태로 나타나지만, 이들 곡선은 모두 데카르트 평면상에서 아래와 같은 식의 형태로 나타난다. 이차곡선이 지니는 일종의 수학적 패턴이다.

$$Ax^2 + Bxy + Cy^2 + Dx + Ey + F = 0$$

물론 원, 타원, 포물선, 쌍곡선은 다음과 같은 식으로 일반화하여 나타낼 수 있다.

원	타원	포물선	쌍곡선
$x^2 + y^2 = a^2$	$\dfrac{x^2}{a^2} + \dfrac{y^2}{b^2} = 1$	$y^2 = 4ax$	$\dfrac{x^2}{a^2} - \dfrac{y^2}{b^2} = 1$

도형으로서의 원뿔 곡선은 그 형태를 볼 때 서로 다른 종류의 곡선처럼 보인다. 하지만 이들이 이중 원뿔을 통과하는 서로 다른 단면으로부터 얻어진 곡선이라는 사실을 통해, 하나의 통일된 양식으로부터 얻어지는 것임을 알 수 있다. 그리고 그 양식은 위에서 하나의 식으로 표현된다. 복잡해보이던 형태가 하나의 구조 내지는 양식으로 수렴하는 것을 통해 수학이 가지는 아름다움을 경험할 수 있다.

3) 운동의 패턴

우리가 사는 세계에서 변화하지 않는 것은 없다. 모든 것이 끊임없이 움직이고 변화한다. 움직임과 변화는 운동이다. 그런데 신기하게도 우리가 사는 세계에서 경험하게 되는 많은 운동은 질서가 있고 규칙적이다. 그렇다면 이러한 운동이 수학적 연구의 대상이 될 수 있을까? 언뜻 떠오르는 수, 점, 선, 방정식 등의 수학적 도구들은 정적인 것처럼 보인다. 이러한 정적인 도구들로 변화의 양식을 포착하기 위한 방법을 찾기까지는 꽤 오랜 시간이 걸렸다. 17세기 중반의 미적분학은 인류의 위대한 진보에 결정적이고 위대한 전환점을 마련하였다. 하지만 아쉽게도 수학교육에서 미적분은 인류사에 미친 위대함보다는 학습 부담을 가중시키는 것으로 회자되곤 하였다. 운동의 패턴을 결정적으로 탐구 가능하게 만든 미적분학은 어디에서부터 발원한 것인지, 미적분학을 통해 운동 양식이 어떠한 방식으로 탐구되어 왔을까?

운동에 관한 철학적 논쟁은 그리스 철학으로 거슬러 올라간다. 흔히 말하는 연속적인 운동을 들여다보면 다음과 같은 질문에 이르게 된다. 특정 순간에 모든 물체는 특정 공간, 특정 위치에 놓여 있게 되고, 이는 정지해 있는 물체와 유사하다. 그리고 이 사실은 모든 순간에 대해 참이다. 그렇다면 어떻게 물체의 운동이 가능한 것인가?

그리스 철학자 제논은 '존재하는 것은 분할할 수 없는 전체'라는 스승 파르메니데스의 철학을 옹호하기 위해 운동에 관한 역설을 제시하였다. '날아가는 화살' 역설은 모든 순간에 화살은 정지 상태에 있게 되는데, 이것이 모든 순간에 참이므로 물체는 항상 정지 상태에 있게 된다. 그렇다면 운동도 불가능하다는 것이다. 따라서 시간이 일련의 불연속적인 순간들로 이루어져 있다는 관점, 곧 공간과 시간을 원자로 보는 관점은 잘못되었다는 것이다. 제논이 제기한 또 하나의 역설은 '아킬레스와 거북' 역설이다. 간단히 말하면 아킬레스가 거북이와 100미터 달리기를 하는데 거북이보다 10배 빠른 아킬레스라도 더 느린 거북이가 10미터 앞에서 출발한다면 거북이를 이길 수 없다는 것이다. 왜냐하면 아킬레스가 거북이를 앞서기 위해서는 거북이가 출발한 지점에 도달해야 하고 그 시간 동안 거북이는 아킬레스가 달린 거리의 10분의 1을 앞서게 된다. 그 거리만큼 아킬레스가 달리게 되면 거북이는 그 거리의 10분의 1만큼을 앞서게 되며 이 과정이 무한히 계속된다는 것이다. 차이가 점점 작아지더라도 거북이는 아킬레스보다 앞에 있게 되어 아킬레스는 영원히 거북이를 이기지 못하게 된다.

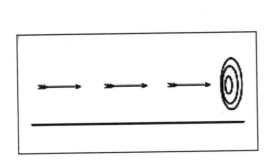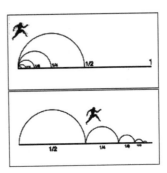

출처 : Wikipedia

이 역설은 공간과 시간이 무한히 나누어질 수 있다는 가정이 잘못되었음을 보여주고자 제시한 것이다.

우리의 경험에 비추어보면 화살은 날아가고, 아킬레스는 금방 거북이를 따라잡는다. 따라서 제논이 제시한 역설은 시간과 공간, 운동에 대한 분석적인 설명이 타당하지 못하며, 당시 사람들로서는 이 문제를 해결할 수 없음을 드러내고 있다. 이들에 대한 해결은 19세기가 되어서야 가능하게 되었는데, 운동과 변화를 수학적으로 다루기 위해서는 무한을 다루는 방법이 발견되어야 했기 때문이다. 이 책에서 무한에 관한 역사와 이론을 일일이 열거할 수는 없으므로 역설에 대한 19세기의 해결 방법과 운동의 양식을 탐구하는 도구로서의 미적분학에 관해 언급하는 선에서 마무리한다.

아킬레스와 거북의 문제가 보여주는 역설은 거북이가 아킬레스보다 앞선 양의 합에 따라 결정되며, 이때의 합은 '무한' 합이다. $10+1+\dfrac{1}{10}+\dfrac{1}{100}+\dfrac{1}{1000}+\cdots$

이들 개별항을 무한히 더하는 것은 불가능하다. 그리하여 수학자들은 개별적인 항으로부터 전체적인 양식으로 관심을 옮겨 문제를 해결하였다.

$$S = 10+1+\frac{1}{10}+\frac{1}{100}+\frac{1}{1000}+\cdots$$

$$\frac{1}{10}S = 10+1+\frac{1}{10}+\frac{1}{100}+\frac{1}{1000}+\cdots$$

$$S-\frac{1}{10}S = 10 \qquad\qquad \therefore\ S=\frac{100}{9}$$

무한을 다루는 과정에서 수학자들이 경험한 혼돈은 다음 S의 합을 구하는 예로 충분할 것이다.

$$S = 1 - 1 + 1 - 1 + 1 - 1 + \cdots$$
$$-S = -1 + 1 - 1 + 1 - 1 + 1 - \cdots$$
$$2S = 1, \qquad \therefore S = \frac{1}{2}$$

$$S = (1-1) + (1-1) + (1-1) + \cdots$$
$$S = 0 + 0 + 0 + 0 + \cdots, \qquad \therefore S = 0$$

$$S = 1 + (-1+1) + (-1+1) + (-1+1) \cdots, \qquad \therefore S = 1$$

사실 이러한 예들을 다룰 수 있는 수학적 방법은 없다. 이후 수학자들은 산술보다는 양식에 관심을 갖게 되었으며 비로소 무한을 보다 진전된 형식으로 다루게 되었다. 이것이 수학사에서 가장 위대한 업적 중의 하나인 미적분학의 탄생이다. 미적분학은 모든 현대적인 과학 기술의 기반이 되고 있다.

운동 양식을 탐구하는 미적분학을 가장 기초적인 수준에서 이해할 수 있는 사례는 제시된 그래프로 나타내어지는 함수이다.

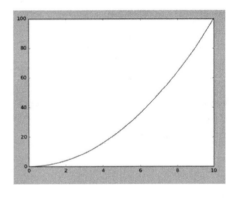

함수는 주어진 하나의 수에 대해 다른 수를 계산해 낼 수 있도록 만드는 규칙이다. 다시 말해 독립 변수 x와 종속 변수 y 사이의 대응 규칙이며, x값이 하나 정해지면 그에 따라 변수 y의 값이 하나씩 정해지는 관계이다. 이처럼 함수가 변화를 다루는 수학적 도구이므로, 자연스럽게 x에 관한 y의 변화율을 어떻게 찾을 수 있는가 관심을 갖게 된다. 이 변화율이 곧 기울기이다. 그런데 일차함수가 아닌 이상 기울기는 변화한다. 따라서 순간순간 변화하는 기울기를 어떻게 얻을 것인가가 중요한 문제로 대두된다. 기울기를 얻는 가장 손쉬운 방법은 직선의 기울기이며, $y = x^2$의 경우 두 x값에 따른 y의 변화율은 다음과 같이 얻을 수 있다.

$$\frac{(x+h)^2 - x^2}{h} = \frac{2xh + h^2}{h} = 2x + h$$

두 점을 연결하는 직선의 기울기가 위와 같다면 처음 얻고자 했던 지점 x에서의 기울기는 얼마인가? 바로 이 지점이 뉴턴과 라이프니츠가 수학적 발상으로 결정적인 기여를 한 부분이다. 이들은 정적인 상황을 동적인 상황으로 바꾸어 두 점 사이의 거리 h를 점점 더 작게 만들 때 어떤 현상이 나타나는지 고려하였다. 두 사람이 이 문제에 접근한 방식은 다소 차이가 있지만 공통된 아이디어는 h는 0에 가까워지지만 0은 아닌 양으로 취급하였다는 점이다. 무엇보다 이들은 특정 점에서의 기울기를 고려하는 근본적으로 정적인 상황으로부터 그 점에서 시작되는 직선들의 기울기로 곡선의 기울기에 연속적으로 근사시키는 동적인 상황으로 관점을 전환하였다. 이러한 연속적인 근사 과정에서 수치적인 양식과 기하학적인 양식을 찾음으로써 새로운 운동과 변화의 양식을 탐구할 수 있는 길을 열었다. 이러한 운동 양식으로서의 미적분학이 엄밀하게 정립되는 데까지는 오랜 시간이 걸렸지만, 함수를 운동 또는 변화의 과정이 아니라 실재로 생각하는 놀라운 관점의 전환을 통해 다양한 변화의 현상을 탐구하는 강력한 도구가 되었다.

생각해 보기

1.3 교과서에서 찾는 수학의 양식

수학을 양식의 과학으로 설명할 수 있는 몇 가지 사례를 제시하였다. 우리 교과서에서 찾을 수 있는 수학의 양식을 각자 찾아보자.

참고 문헌

교육부(2015). **수학과 교육과정**. 교육부.

김용운, 김용국(2007). **재미있는 수학여행**. 김영사.

박영훈(2017). **수학은 짝짓기에서 탄생하였다**. 가갸날.

우정호(2000). **수학 학습–지도 원리와 방법**. 서울대학교출판부.

Auaknin, M. (2003). *Mystères des chiffres*. Editions Assouline. 변광배(역)(2006). 수의 신비. 살림.

Burton, D. M. (2011)   *History of mathematics*. Mcgraw-Hill.

Ifrah, G. (1985). *Les Chiffres. editions Robert Laffont*. 김병욱(역)(2011). **숫자의 탄생**. 도서출판 부키.

Boyer, B. C. (1991). *A History of Mathematics*. 양영오 · 조윤동(공역)(2000). **수학의 역사 · 상**. 경문사.

Dantzig, T. (1953). *Number: The language of Science*. Pi Press. 심재관(역)(2007). **과학의 언어 수**. 지식의 숲.

Devlin, K. (1994). *Mathematics: The Science of Patterns*. 허민 · 오혜영(공역)(1996). **수학: 양식의 과학**. 경문사.

2장
역사 속에서 수학을 찾다

모든 자연수는 자신보다 앞선 수가 있기에 존재할 수 있다.

– 쇼펜하우어

자연수는 신이 창조했다. 그 나머지 수는 인간이 만든 것이다.

– 크로네커

2장. 역사 속에서 수학을 찾다

1. 수의 기원 | 2. 문명 속의 수 표기 | 3. 역사 속의 사칙연산 | 4. 흥미로운 기하 문제

1. 수의 기원

수학이 수에 관한 탐구로부터 시작되었다고 할 때 수의 기원을 찾는 것은 수학의 기원을 찾는 것과 다름 아니다. 여기서는 자연수를 중심으로 한 초기 수 개념 발달과 자연수가 지니는 다양한 개념적 측면을 살펴본다.

1) 수 개념의 발달

수가 인류의 역사와 문화 속에서 어떤 위치를 차지하였는가 하는 것은 지금껏 사용된 수많은 단어들을 통해 확인할 수 있다. monologue, bicycle, tripod, quadruped, pentathlon, sextet, heptagon, octopus, nonagenarian, decimal 등은 수와 관련된 단어들이다. 한편, 수를 나타내는 영어 단어 'number'의 어원을 살펴보면 라틴어 'numerus'가 'nombre/nombrer'를 거쳐 변형된 것이다. 인도-유럽어에서 '할당', '몫', '분배'를 의미하는 어근 'nem-'으로부터 유래하였다. '민첩한'이라는 뜻의 nimble은 '자신의 몫을 재빠르게 챙기는 사람'과 관련 있고, '인과응보'를 의미하는 nemesis는 원래 '운명에서의 자신의 몫'이었으며, 이 외에 binomial, astronomy, economy, autonomy 등 'nom'이 들어가는 단어들 역시 수와 관련된 것들이다.

수가 언제 어떻게 시작되었는가에 대해 명확한 답을 제시할 수는 없다. 인류의 역사에 비해 기록의 역사는 한참 뒤떨어지기 때문이다. 하지만 인류학자들은 아무리 원시적인 문화라고 할지라도 수에 대한 어느 정도의 의식은 있었다고 말한다. 그러한 의식은 하나와 둘을 구별하는 초보적인 것일 수 있다. 오스트레일리아의 원주민 부족이 둘까지만 세고 그보다 큰 모든 수는 '많이'라고 불러다는 사실이 하나의 예이다. 더 나아가 셋 이상의 수를 세되, 독립적인 수 이름이 없이 셋을 '둘-하나', 넷을 '둘-둘'과 같은 방식으로 센 경우도 있다. 뉴기니 원주민들은 '1'을 '우라펀', '2'를 '오코사'라고 하는데, '3'은 '오코사, 우라펀', '4'는 '오코사, 오코사', '5'는 '오코사, 오코사, 우라펀'과 같은 방식으로 표현하였다.

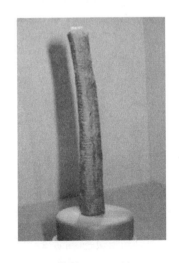

출처: wikipedia

이와 같이 수에 대한 관념이 발달하면서 수 개념을 가시적으로 표현하는 방법이 나타났다. 가장 대표적인 것이 탤리(tally)이다. 탤리는 '셈'을 가리키는 것으로, 원래는 새긴 눈금 또는 막대라는 뜻을 담고 있다. 원래 'tally'라는 단어는 '베다, 자르다'를 뜻하는 라틴어 'taliare'에 뿌리를 두고 있으며, 영어 단어 'tailor'도 같은 어원에서 비롯되었다. 고대인들은 자신의 재산을 셈하기 위해 나무토막과 같은 것에 눈금을 새겨 표시하였다. 말이나 손가락으로 나타낸 수는 오래 보존할 수 없었기 때문에, 센 결과를 기록으로 보존하기 위해서는 다른 표현 방법이 요구되었고 탤리가 그 대표적인 수단으로 사용되었다.

한편, 이들의 셈 방식은 수 개념에 대한 사고방식이 어떠했는지를 암시해 준다. 양이나 소와 같은 가축 한 마리당 눈금 하나를 일대일로 대응시켜 셈을 한 것으로 보이는데, 이는 일대일 대응 관계가 수 개념을 이해하는 기초가 되었음을 보여준다.

고대인들은 계산 도구로서 돌멩이를 사용하기도 하였다. 일단 그어버리면 고치기 어려운 탤리의 눈금과 달리, 돌멩이는 하나씩 넣었다 뺐다 할 수 있다는 이점 때문에 계산을 하는 데 활용하기 용이하였다. 양 한 마리에 돌멩이 하나를 일대일로 대응시키는 과정을 통해 전체 양이 전체 돌멩이의 수와 같다는 생각할 수 있게 되었고, 이러한 일대일 대응 관계를 추상화 하는 과정에서 수의 개념이 형성되어 온 것으로 볼 수 있다.

결국 수라는 추상적인 개념은 구체물로부터 공통된 성질을 추상하는 고차원적 사고를 통해 발달하게 되었다. 주어진 집합들이 일대일 대응 관계에 있을 때, 그러한 집합들은 공통적인 성질을 가진 것으로 이해되었으며, 그러한 공통적인 성질을 추상화한 것이 곧 수 개념이라고 할 수 있다.

하지만 공통성질을 추상화하는 작업은 대단히 고차원적 사고를 요구하는 것이므로 원시시대 사람은 이해하기 힘들었을 것이다. 예컨대, 양 한 마리에 눈금 하나 또는 돌멩이 하나를 대응시키고, 양 두 마리에 눈금 두 개 또는 돌멩이 두 개를 대응시킨다. 코끼리도 개미도 동일하게 대응시킬 수 있다. 그렇다면 양 한 마리도 '하나', 개미 한 마리도 '하나', 즉 이것도 1, 저것도 1이 된다. 하지만 현실적으로 양 한 마리와 개미 한 마리를 바꿀 수는 없다. 그런데 추상적인 개념인 (개)수의 측면에서는 둘이 같다고 하니, 같지 않지만 같고, 같지만 같지 않은 아이러니에 빠지게 되는 것이다. 더 나아가 이미 수를 이해하고 일상적으로 사용하는 사람들도 양과 개미를 함께 세어도 좋은가라는 제법 심각한 질문을 받게 되면 당혹스럽다. 보통은 양과 개미를 한꺼번에 셀 기회가 드물기 때문에 이들을 함께 세는 의미가 무엇인지 모르겠다고 생각할 수도 있다. 하지만 어떤 목적으로 어떤 맥락에서 이들을 함께 세고 있는가에 따라 이들을 함께 셀 수도 있으며 그 결과에 의미를 부여할 수도 있다. 예컨대, 생명을 가진 개체의 수를 센다는 관점에서는 양과 개미를 함께 세는 것이 가능하고 의미를 부여할 수 있는 것이다. 이렇게 수가 가진 복잡성 때문에 수 개념에 대한 이해가 정립되는 데에는 역사적으로 상당히 오랜 시간이 걸렸다.

2) 수의 다양한 측면

지금까지는 수가 인류사에 들어오게 된 역사적 맥락 속에서 개수를 중심으로 한 수 개념을 생각해보았다. 하지만 현대적 관점에서 수는 개수적 측면뿐만 아니라, 순서를 나타내는 것으로서의 순서수적 측면, 1을 더해 계속해서 만들어지는 셈수적 측면 등 다양한 측면으로 이해된다.

일반적으로 수 개념이라고 하면 개수 또는 그것을 형식화한 기수적 측면을 먼저 떠올리지만, 일상생활에서 순서수를 상당히 많이 경험하게 된다. 달력의 날짜, 각 기관의 대기 번호표, 시각을 나타내는 수 등 하루 일과 중 순서 또는 시간의 흐름과 관련된 일련의 경험들 속에서 만나게 되는 수는 순서수적 측면과 관련되어 있다. 이러한 순서수는 연산과 직접적으로 연결된다는 점에서 수학의 기초라고 할 만한다. 적은 개수의 사물을 헤아리는 수 감각과는 별도로 세는 행위는 다소 복잡한 지적인 활동이다. 세려고 하는 대상 각각에 수사를 하나씩 짝지어야 한다. 이를 위해서는 먼저 일련의 수사 목록을 익혀야 하고, 수사를 하나도 빠뜨리지 않고 말할 수 있어야 한다. 그리고 마지막 대상을 셀 때 말한 수사가 전체의 개수가 된다는 것을 이해해야 한다. 그런데 종종 어린 아이들 중에는 개수와 순서를 혼동하는 경우가 있다. 예컨대, 탁자에 놓인 사탕의 개수를 센 다음 사탕 다섯 개를 가져다주라고 할 때, 다섯 개의 사탕을 가져오지 않고 다섯 번째 사탕을 가져오는 경우가 있다. 이는 수를 세는 행위가 개수 세기로 의미 전환이 이루어지지 않은 것이다. 수를 셀 때 마지막 대상을 지칭하는 수사는 수를 세는 행위가 어떤 차원에서 이루어지느냐에 따라 마지막 대상을 지칭하기도 하고 수사를 대응시키며 센 모든 대상의 개수를 나타낼 수도 있다. '수학하기'의 가장 기초적인 활동인 수 세기에는 순서수라는 매우 중요한 개념이 들어 있으며, 이러한 순서수적 측면은 자연수만의 독특성을 보여주며, 자연수의 본질을 드러내준다.

한편, 1로부터 출발하여 다음 수가 차례로 이어지는 자연수의 고유한 특성은 페아노의 공리를 통해 수학적으로 명확하게 제시되었다. 자연수를 설명하는 페아노의 공리계는 다음과 같다.

Peano의 공리계

자연수 전체의 집합 N 은 다음 네 조건을 만족시키는 집합이다.

A1. $1 \in N$

A2. 집합 N 위에는 후자 함수 $N \to N$, $x \mapsto x^+$가 정의된다.

A3. 모든 원소 $x \in N$에 대하여 $x^+ \neq 1$이다.

A4. 집합 N의 두 원소 x, y에 대하여,

$$x \neq y \Rightarrow x^+ \neq y^+, \qquad x^+ = y^+ \Rightarrow x = y$$

A5. (수학적 귀납법 공리) 집합 N의 부분집합 S에 대하여 다음 두 조건이 성립하면 $S = N$이다.

(a) $1 \in N$ (b) $x \in S$이면, $x^+ \in S$

자연수를 형식화 한 페아노의 공리계는 '1', '자연수', '후자'라는 무정의 용어를 사용한다. 무정의 용어란 특별히 정의하지 않고 사용하는 용어이다. 수학에서 다루는 대상, 즉 수학적 개념은 자연 속에 존재하는 대상들을 경험적으로 소박하게 기술하는 것이 아니라 완전히 새롭게 정의되며 오히려 어떤 구체적인 것을 떠난 추상적인 세계를 창조한다. 정의가 어떤 대상을 규정하는 행위라고 할 때, 정의는 필연적으로 이미 알고 있는 것을 바탕으로 하여 이루어진다. 그러므로 어떤 용어를 정의하지 않고 사용한다는 것은 좀 더 구체적으로 용어를 설명해주기보다 우리의 직관에 호소하겠다는 의미이다.

첫 번째 공리는 1이 자연수임을 선언한다. 여기서 '1'은 우리가 흔히 사용하는 숫자 1로 나타내었지만 다른 기호로 나타내어도 아무 문제가 없는 수학적 대상이다. 세 번째 공리를 고려하면 그 1은 어떤 수 다음에 오는 수가 아니다. 두 번째 공리에 제시

된 무정의 용어인 '후자'라는 개념에 의해 다음에 오는 수가 정의되지만 그 자신은 다른 어떤 수의 다음에 오는 수가 되지 않는 수이다. 자연수라고 선언된 이 수는 다음의 수를 만들어 내고, 또한 그렇게 만들어진 수는 후자 함수에 의해 그 다음 수를 생성하게 된다. 다시 말하면, 자연수 집합의 한 원소로 선언된 특별한 수 1은 무한히 계속 생성되는 자연수를 건축하는 토대이자 출발점이 된다. 네 번째 공리는 어느 한 자연수가 주어지면 그 자연수 다음에 오는 수는 오직 하나 뿐이라고 말한다. 공장으로 비유하자면 자연수 생산 라인은 1로부터 시작하여 한 치의 오차도 없이 다음 물건을 반드시 만들어 내며 정확히 하나씩 생산해낸다.

다섯 번째 공리는 수학적 귀납법 공리라는 별칭이 붙어 있다. 이 공리는 한마디로 말하면 어떤 집합이 자연수 집합이 되기 위한 조건이라고 할 수 있다. 먼저 그 집합이 자연수의 부분집합이어야 하고, 다음으로 페아노 공리계에서 무정의 용어로 정의된 그 1을 포함하여야 하며, 마지막으로 그 집합에 속하는 원소에 대해 그 후자를 반드시 포함하게 되는 구조를 가지고 있어야 한다는 것이다. 그러한 세 조건을 만족하는 집합이 있다면 그 집합이 곧 자연수 집합이 된다는 의미이다.

앞에서 살펴본 페아노 공리계는 다소 형식적이어서 자연수를 이렇게 어렵게 이해할 필요가 있는가 하는 의문을 가질 수 있다. 하지만 페아노 공리계는 우리가 너무 잘 알고 있다고 착각하지만 실상은 이해하기 어려운 자연수의 본질이 무엇인가를 매우 압축적으로 보여주고 있다. 자연수를 정의하기 위한 최소한의 필수적인 요소인 1의 존재, 자연수가 1, 2, 3, 4, 5, …와 같이 하나씩 더해서 계속 만들어질 수 있는 신기한 수라는 점, 1부터 시작하여 차례대로 단 하나의 수가 결정되면서 수를 생성해간다는 점, 그리고 이러한 성질을 만족하는 수는 모두 자연수임을 간결하게 담아내고 있다.

'수는 몇까지 있을까?'라는 질문은 수를 접하는 초기 아동들에게 대단한 호기심을 불러일으키는 질문이다. 어린 아동은 10까지 셀 수 있게 되었을 때 스스로 감탄한다. 하지만 그 보다 훨씬 더 큰 100이라는 수가 있다는 것을 아는 순간 눈을 커다랗게 뜨고 '백? 십이 열 개?'하고 반응하게 될 것이다. 아이들은 굉장히 많은 또는 큰 상태를 표현하기 위해 자신이 알고 있는 가장 큰 수를 들이댄다. '엄마 사랑해?'라고 물으면 '십만큼!'이라는 대답에서 '백만큼?'으로 답이 바뀌어 간다. 그런데 수가 끝이 없다는 사실을 알게 되면 아이들은 소위 '멘붕 상태'를 경험하게 된다. 하지만 계속 1을 더해 나가면 한없이 큰 수를 만들 수 있다. 즉, 수는 무한하다. 일반적으로 우리는 매체를 통해 큰 수를 언급할 때 '조' 정도까지 듣는다. 하지만 '조', '경', '해'를 넘어서는 수의 이름을 아는 사람은 드물다. 하지만 수는 경, 해, 서, 양, 구, 간, 정, 재, 극, 항하사, 아승지, 나유타, 불가사의, 무량대수로 계속해서 이어진다. 읽는 사람이 있든 없든, 수의 이름이 정해져 있든 없든 수는 계속된다.

생각해 보기

2.1 숫자 없는 세상

음악이 전혀 흘러나오지 않는 거리나 라디오 프로그램, 배경 음악이 깔리지 않는 영화 등 음악이 없는 세상을 상상해 보자. 그렇다면 숫자가 없는 세상은 어떠할까? 가까이는 지극히 개인적인 나의 삶의 공간에서, 하루 동안 내가 활동하는 일터에서, 쉼 없이 무엇인가 만들어지고 탐구되는 지구 구석구석에서 숫자가 없는 세상을 상상하고 이를 그려보자.

2. 수 표기

여기서는 수를 표현하는 방식으로서의 숫자의 의미와 그 탄생을 이해하고, 시대와 문화에 따라 어떠한 형태의 수 표기 방법이 사용되었는지 확인한다.

1) 숫자의 탄생

인간의 가장 큰 특징 중의 하나는 언어를 가지고 있다는 점이다. 전달하고 싶은 뜻이 있어도 언어가 없다면 그 뜻을 온전히 담아낼 수 없다. 마찬가지로 수라는 수학적 개념을 전달하기 위해서는 그 표현 양식인 숫자가 필요하다. 종종 이들 용어는 구별되지 않은 채 사용되기도 한다. 한마디로 숫자는 수를 표기하고 나타내는 방법이다. 수는 숫자와 별개로 독립적으로 존재할 수 있지만, 숫자로 인해 더욱 활발하게 소통하면서 그 개념적 범주를 확장해나갈 수 있다.

수 개념이 발달해가는 과정에서 수를 나타내는 '말'이 먼저 나타났을까? 아니면 수를 막대기 등에 나타내는 '표기'가 먼저 나타났을까? 수를 가리키는 말을 만들어내는 것보다 막대기에 눈금을 표시하는 것이 쉬웠을까? 어찌되었든 사물의 세기는 말로 하는 수 이름인 수사, 그리고 써서 나타내는 수 기호인 숫자와 함께 서서히 발달해왔다. 언어는 구체적인 데에서 추상적인 개념으로 발달해왔으며, 인류는 추상적인 개념으로서의 수의 이름을 만들고 이를 표기하기까지 지난한 과정을 거쳐야 했다.

숫자는 언어와 마찬가지로 문화적 성격을 지닌다. 따라서 수를 표기하는 방법 역시 시대와 문화, 언어 등에 따라 다양하게 발달하였다. 인류 문명의 발달은 이집트 나일강, 메소포타미아의 티그리스강과 유프라테스강, 인도의 인더스강, 중국의 황하강 유역에서 그 흔적을 드러낸다. 기원전 4000년 전 이집트와 메소포타미아 지역에서 원시적인 쓰기 형식이 사용되었다. 이전의 그림 문자로 나타낸 기록이 간단한 기호를 이용하는 형식으로 변화되어 갔다. 메소포타미아에서 점토판 위에 뾰족한 도구로 찍어 나타낸 쐐기 문자는 상당히 잘 보존되어 있을 뿐만 아니라, 기록 수단으로서 쓰인 것 가운데에서는 세계에서 가장 오래된 문자로 인정된다. 그런데 놀라운 것은 이러한 원시적인 표기 형태 중에 수학에 관한 내용이 다수 포함되어 있다는 점이다. 특히, 고대에 나타난 수학적 표기 형태 중에 두드러진 것은 수를 표현하는 숫자였으며, 각 문명권에서 사용한 수 표기 양식은 다양하였다.

2) 메소포타미아의 수 표기

메소포타미아는 농업을 비롯하여 문명의 발달이 가장 오래된 곳 중 하나이며, 수학 역시 세계에서 가장 일찍 잘 발달한 곳으로 인정받고 있다. 역사상 처음으로 나타난

숫자 역시 메소포타미아 숫자라고 알려져 있다. 사실 이 지역 사람들은 그림 문자로부터 글쓰기 체계를 개발했으나 글을 쓰는 데 사용한 재료가 그 발달에 제약을 주었다. 주로 찰흙을 사용하였기 때문에 쉽게 말랐고, 이 때문에 기록이 비교적 짧아야 했고 한꺼번에 써야 했다. 결국 그림문자가 그것이 나타내는 대상과의 유사성을 구현하지 못하였다. 결국 메소포타미아의 기록 수단으로 찰흙을 긁는 대신 눌러서 자국을 남길 수 있는 세모꼴의 끝을 가진 첨필을 사용하게 되었다. 기록이 이 뾰족한 도구를 이용한 쐐기 표시로 이루어진 만큼, 수를 기록할 때에도 쐐기문자를 이용하였다. 쐐기 문자는 글 쓰는 매개물로 찰흙을 선택한 자연스러운 결과였다.

그들은 일의 자리의 수를 쐐기의 개수로 구분하였다. 꼿꼿하게 선 쐐기가 1의 값을 나타내었고, 숫자가 커짐에 따라 쐐기의 개수를 추가하였다. 반면 옆으로 넓은 쐐기는 10을 나타내었고 이것은 다섯 번까지 쓰일 수 있었다. 이 두 가지 쐐기 모양을 결합하여 다른 모든 수를 나타내었다. 두 가지 기호를 모두 사용할 경우 10을 나타내는 기호들을 1을 나타내는 기호들의 왼쪽에 나타내었다. 처음 두 가지 기호를 이용하면 59까지의 수를 나타낼 수 있다. 예컨대, 27의 경우 왼쪽에 옆으로 넓은 쐐기 2개를 찍고 그 오른쪽에 꼿꼿하게 선 쐐기 7개를 찍어 나타내었다. 일의 자리의 수가 큰 경우 상당히 많은 쐐기를 사용해야 부담을 덜기 위해 빼기 기호 ↿─를 사용하여 표현하기도 하였다. 예컨대, 19를 20-1(⟨⟨↿─↿)로 나타내었다.

한편, 이들은 수를 나타낼 때 60진법의 위치적 기수법을 사용하였다. 즉, 59 다음의 수인 60을 나타내기 위해 위치를 달리 하여 1에 해당하는 숫자를 적어 넣은 것이다. 문제는 당시 영(0)에 대한 기호가 없었기 때문에 각 쐐기 묶음이 나타내는 것이

어느 자리에 해당하는 것인지를 구별할 방법이 없었다는 점이다. 예컨대, $1 \cdot 60 + 24 = 84$와 $1 \cdot 60^2 + 0 \cdot 60 + 24 = 3624$은 모두 동일하게 표현되었다. 비어 있는 자리를 간격을 두어 나타냈지만 이러한 법칙이 엄격하게 적용되지 않아 혼란의 여지는 여전히 남아 있었다. 이후 상당한 시간이 지난 기원전 300년경부터 ⤴와 같이 두 숫자 사이의 빈 공간을 나타내는 분리 기호가 사용되게 되어 두 수를 구별할 수 있었다. 하지만 여전히 수의 끝에 있는 자리가 없음을 가리키는 기호가 존재하지 않아 혼란이 여전히 남아 있었다. 결국 이들이 사용한 표기법에서는 숫자들의 상대적인 순서를 확인하고 문맥을 통해서 수의 크기를 결정할 수밖에 없었다. 따라서 이들이 완벽한 위치적 기수법을 성취하지는 못하였다.

3) 이집트의 수 표기

이집트는 나일강이라는 지리적 여건 때문에 비옥한 농경지와 목초지가 펼쳐지게 되었고 문명이 발달하게 되었다. 사막이 외부로부터의 침략을 막아주었기 때문에 가장 안정되고 오랜 시간 동안 문명이 지속될 수 있었다. 이집트가 통일 국가로 안정된 후 강력한 행정 체계가 발달하였고, 인구 조사, 세금 징수, 군대 징집 등이 이루어지면서 큰 수의 셈이 요구되었다. 이집트는 기원전 3500년경에 이미 완전히 발달된 수 체계를 갖게 되었다. 여기에 새로운 기호를 도입하면서 끝없이 수를 세어나갈 수 있었다. 이집트인들이 사용한 문자 체계는 상형 문자였다.

상형 문자로 나타낸 수 기호를 살펴보면, '일'의 자리 수는 막대 또는 지팡이 그림으로 나타내었으며, '십'의 자리 숫자는 한 자리 수를 나타낸 막대를 구부린 모양 또는 일종의 편자 모양으로 나타낸 것처럼 보인다. '백'의 자리의 숫자는 측량에 사용하는 새끼줄 모양을 본떠 만들었는데, 당시 측량용 새끼줄은 백 단위의 길이였기 때문이다. '천'을 나타내는 것은 나일강에 많이 피어 있었던 연꽃 모양으로 나타내었다. '만'의 자리는 집게손가락 모양이라는 설도 있으나 나일강의 갈대의 일종인 파피루스의 싹이라고 보는 견해가 우세하다. '십만'은 한 곳에 많이 어울려 모여 있는 올챙이를 형상화한 것이라는 설이 유력하다. '백만'은 수가 너무 커서 놀란 사람이 손을 번쩍 든 모양이다.

$$1 = |$$ $$1,000 = ⚷$$
$$10 = ∩$$ $$10,000 =)$$
$$100 = ℮$$ $$100,000 = ⌒$$
$$1,000,000 = ⚘.$$

다른 수들은 십진법을 바탕으로 이런 기호들을 더하는 방법으로 표현되었으며, 일반적으로 오른쪽에 더 큰 단위의 수를 썼다. 이러한 수 표기에서 기호들을 두세 행으로 배열하여 옆으로 길어지는 것을 방지하기도 하였다. 이는 표현된 수의 값이 쓰여진 상형 문자들의 순서에 영향을 받지 않았기 때문에 가능하였다. 이집트의 수 표기 방법은 위치적 기수법을 따르지 않았기 때문이다. 때로는 기호의 방향이 바뀌기도 하였다. 따라서 ℮℮℮∩∩||||와 ||||∩∩℮℮℮ 두 표기가 모두 같은 값을 나타내었다.

이집트인들은 메소포타미아의 진흙판 대신 파피루스라는 갈대로 만든 종이에 기록을 남겼다. 이때 붓과 같은 펜과 잉크를 이용하여 기록을 하였는데, 그러한 재료에 더 적합하고 더 빨리 쓸 수 있으며 그림에 덜 의존하는 글씨를 발달시키게 되었다. 이집트 사제들이 사용한 이런 문자를 신관 문자라고 하며, 필기체 또는 흘림체로 쓴 이 문자는 상형 문자와 거의 닮지 않았다. 다만 그 수치적 표현은 여전히 10의 거듭제곱에 근거하여 더하는 방법으로 이루어졌다. 다만 상형 문자에서 반복하여 쓰던 방식이 하나의 표기 형태로 대체되었다.

1	2	3	4	5	6	7	8	9	10

20	30	40	50	60	70	80	90	100

신관 문자를 이용하면 37은 와 같이 표현된다. 신관 문자를 이용한 수 표기 방법은 상형 문자에 비해 간결하다. 10의 거듭제곱에 해당하는 수를 계속 더해서 다른 수를 표현하는 대신 10의 거듭제곱을 여러 번 반복하여 만든 수에 대한 표기 방식이 숫자를 새로이 만든 '숫자화'의 작업이 이루어졌기 때문이다. 이와 같은 '숫자화된

기수법'은 많은 기호를 기억해야 한다는 부담을 안겨주었으나 기수법의 발달에서 중요한 결정적인 계기가 되었다.

4) 그리스의 수 표기

고대 그리스의 수 기호는 아티케식 방식의 수 이름에 대한 알파벳 첫 글자로 만들어졌다. 그리스 기수법의 특징은 5진법과 10진법이 혼용되었고 단순 그룹핑법이 적용되었다는 점이다. 숫자 1, 5, 10, 100, 1000, 10000을 나타내는 수는 각각 1=Ⅰ(ena), 5=Γ(penta), 10=Δ(delta), 100=H(hecta), 1000=X(kilo), 10000=M(myriad)로 나타내었다. 이들은 각각 ena, penta, delta, hecta, kilo, myriad의 첫 글자이다. 현재에도 사용되는 pentagon(오각형), decameter(10m), hectometer(100m), myriad(10000) 등에 그 의미가 남아 있다. 그리스 수 표기에는 수 기호의 조합으로 5진법이 사용되고 있다. 예컨대, 𝔽은 500을, $\overline{\mathbb{F}}$은 50을 나타내었다. 이러한 조합 방식에 따라 2626은 XX𝔽HΔΔΓⅠ로 나타내었다.

기원전 5세기경의 이오니아 사람들은 이집트 신관 문자와 같이 숫자화된 기수법을 사용하였다. 그들은 그리스 알파벳 24자와 당시 페니키아 글자 세 개로 숫자를 만들었다. 27개의 글자는 1부터 9까지의 수, 그리고 그들의 10의 배수와 100의 배수를 나타내었다.

1	2	3	4	5	6	7	8	9
α	β	γ	δ	ϵ	ς	ζ	η	θ
10	20	30	40	50	60	70	80	90
ι	κ	λ	μ	ν	ξ	o	π	ς
100	200	300	400	500	600	700	800	900
ρ	σ	τ	υ	φ	χ	ψ	ω	$\mathcal{T}$
1000	2000	3000	4000	5000	6000	7000	8000	9000
$,\alpha$	$,\beta$	$,\gamma$	$,\delta$	$,\epsilon$	$,\varsigma$	$,\zeta$	$,\eta$	$,\theta$

이오니아 수 체계에서는 1부터 999까지의 모든 수를 아래의 예와 같이 세 개의

기호로 표현할 수 있었다. 그러나 이들 문자로는 1부터 999까지의 수만 나타낼 수 있었다. 따라서 더 큰 수들을 나타내기 위해서, 예컨대 글자의 왼쪽 아래에 강세 부호를 붙여 1000배를, 새로운 글자 M을 사용하여 10000배를 나타내었다.

$$,\beta = 2000 \qquad \psi\pi\delta = 700 + 80 + 4 \qquad \delta\mathrm{M} = 40000$$

이들이 사용한 숫자는 알파벳을 사용한 것이었기 때문에 일상적인 언어적 의미와 구별하기 위해 $1084 = ,\alpha\pi\delta'$ 또는 $\overline{,\alpha\pi\delta}$ 와 같이 글자들의 끝에 강세 부호를 붙이거나 위에 연장된 선분을 그어 나타내기도 하였다.

그리스의 수 체계는 메소포타미아나 이집트의 수 표기 방법에 비해 글자를 적게 사용한다는 점에 있어서 보다 경제적이었다. 다만 많은 기호를 익혀야 한다는 단점이 있었다.

5) 중국의 수 표기

중국의 수 표기 방법은 기본적으로 두 가지 방법이 사용되었다. 하나는 곱셈의 원리에 따라 표기하는 방법이다. 중국은 원시적인 시대에 사용한 탤리와 같은 방식으로 1부터 4까지의 수를 나타내는 기호를 사용하였다. 5부터는 숫자의 모양에서 일관성을 찾기 힘든 새로운 기호를 사용하였다. 이후 4, 6, 8이 형태를 바꾸었는데, 전체적으로 짝수는 발이 2개, 홀수는 발이 1개로 표현되어 짝수와 홀수의 차이를 명확하게 드러내는 것으로 보인다.

이렇게 1부터 10까지의 숫자를 서로 다른 기호로 나타내고, 10의 거듭제곱에 대해서는 특별한 부호를 사용하였다. 왼쪽에서 오른쪽으로 또는 아래에서 위로 홀수 번째 자리의 숫자 바로 다음에 10의 거듭제곱의 부호를 곱하는 방식으로 큰 수를 나타내었다. 예컨대, 678이라는 수는 6 다음에 100을 나타내는 부호, 7 다음에 10을 나타내는 부호, 그리고 마지막에 8을 나타내는 부호 순서로 六百七十八와 같이 나타내었다.

다른 한편으로는 자릿수를 매기는 기수법이 사용되기도 하였다. 산목 또는 산가지를 이용한 기수법에서는 홀수 번째 자리에 오는 1부터 9까지의 숫자와 짝수 번째 자리에 오는 1부터 9까지의 숫자를 구분하여 표현하였다.

이러한 18개의 부호를 오른쪽에서 왼쪽으로 번갈아 사용함으로써 원하는 크기의 수를 나타내었다. 예컨대, 56,789라는 수는 ⫼⊥╥≝⫼와 같이 나타내었다.

메소포타미아와 마찬가지로 빈 자리를 나타내는 부호는 비교적 늦게 나타났으며, 역시 둥근 영의 기호를 사용하였다. 중국의 자리 기수법은 10진법이라기보다는 100진법이라고 할 수 있으며 산판을 이용한 계산에서 유용하게 사용되었다.

6) 인도 아라비아 수 표기

인도의 가장 오래된 비문에 따르면, 인도의 수 표기 방식은 가장 단순한 세로 각인이 몇 개의 묶음으로 배열되어 있었다. 이후 기원전 3세기경 새로운 기수법이 등장하면서 반복의 원리가 이어졌으나 4, 10, 20, 100에 대한 새로운 기호가 채택되기도 하였다. 그 뒤 브라흐미라는 기수법이 등장하는데 이는 그리스의 이오니아식 기수법에서의 알파벳식 표기와 비슷했다. 숫자를 기호화한 브라흐미 문자에서 현대적 기수법에 이르는 과정에서는 두 가지 원리에 대한 이해가 요구되었다. 첫째는 자릿값을 정하는 원리를 이용하여 처음 아홉 개의 단위에 쓰이는 기호가 그것들의 10의 거듭제곱의 배수의 기호로도 쓰일 수 있다는 사실이다. 처음 아홉 개의 기호 이외의 기호가 불필요하게 되었다는 사실은 보다 경제적인 표기법으로의 변화를 이끌게 되었다.

현대적 기수법으로 옮겨가는 두 번째 단계는 기호 0의 도입이다. 인도에서 수를 표기할 때 아홉 개의 기호를 사용하였다는 것은 현대적 기수법에서 빈 자리를 나타내는 0의 도입이 이루어지지 않았다는 것을 보여준다. 실제로 가장 오래된 0의 기록은 876년의 비문 가운데 나타난다. 인도의 기수법에서 열 번째 숫자인 0이 둥근 거위알 모양으로 도입됨으로써 현대적인 기수법이 완성되었다. 물론 당시의 숫자의 형태는 오늘날 사용하는 형태와는 차이가 있었다. 0을 나타내는 기호의 둥근 모양은 처음 빈자리를 나타내는 그리스어 'ouden'의 첫 글자 오미크론에서 유래했다는 설이 있으나, 최근 연구에 따르면 0의 기호가 단순한 거위알 모양과 매우 다른 모양을 지니기도 한 것으로 나타나고 있다. 0을 뜻하는 단어 cipher는 아라비아어 Al-sifr에서 유래하였다. 이것은 나중에 라틴어 cephirum이 되었고, 이탈리아어 zevero를 거쳐 zero가 되었다. Al-sifr는 '공허한', '텅 빈'을 뜻하는 인도어 sunya라는 단어에서 유래하였다. 다만, 빈 자리를 나타내는 기호와 명확히 구별되는 0이라는 수가 아홉 개의 다른 인도 숫자와 관련되어 생겨났는지는 입증되지 않았다.

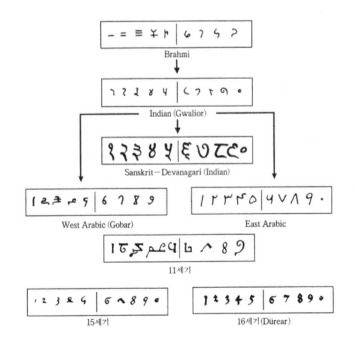

오늘날 수를 표기하는 방법으로는 인도-아라비아 숫자를 채택하여 사용하고 있다. 나라마다 사용하는 언어가 다름에도 불구하고, 따라서 수를 말로 표현하는 방법이 다름에도 불구하고 동일한 숫자를 사용한다는 것은 매우 놀라운 일이다. 숫자는 수학이라는 학문의 독특한 특징을 이루는 하나의 요인이 되었다고 할 수 있다.

한편, 다양한 문명에서 사용한 수 표기 방법에서 나름의 원리와 특징을 찾을 수 있다.

이집트의 수 표기 방법에 나타난 바와 같이, 기본적인 수 표기를 채택한 후 그러한 수 표기를 반복적으로 되풀이하여 더 큰 수를 나타내는 방법을 가법적 기수법 또는 단순 그룹핑법이라고 한다. 바빌로니아의 수 표기에서도 기본적인 60군 안에서는 단순 그룹핑법이 적용되었다고 할 수 있다. 가법적 기수법의 경우 큰 수를 나타낼 때 많은 공간을 차지하는 단점이 있으나, 직관적으로 수의 크기를 인식하는 데에는 유리하다.

인도 아라비아 숫자는 밑수 10이 취해진 후 1, 2, 3, ... 9와 같은 기호들과 $10, 10^2, 10^3$... 등의 기호들을 선택한 후 두 집합의 기호들을 곱하여 더하는 방식으로 큰 수를 표현하게 된다. 이와 같이 기본적인 숫자 기호와 그것을 10배, 100배, ... 등 배를 나타내는 숫자 기호를 조합하여 수를 나타내는 방법을 승법적 기수법이라고 한다.

바빌로니아와 마야의 수 표기, 오늘날의 인도 아라비아 수 표기는 동일한 수 표기가 어느 위치에 있느냐에 따라 서로 다른 값을 나타낸다. 이와 같은 수 표기 방법을 위치적 기수법이라 한다.

3. 역사 속의 사칙연산

1) 덧셈과 뺄셈

이집트에서의 덧셈은 전혀 어려움을 야기하지 않는다. 오히려 지금 우리의 수 체계보다 더 간단하다. 7+5=12라는 사실을 기억할 필요도 없다. 기호를 10개씩 묶어 다른 기호로 대체해 주기만 하면 된다. 더욱이 우리가 자릿값을 나타내기 위해 사용하는

0을 사용할 필요도 없다.

이집트에서의 뺄셈은 보수를 이용한 소위 '상보적 덧셈'으로 수행하였다. 12-5를 계산하기 위해서는 12가 되려면 5에 무엇을 더해야 하는지 생각하는 것이다. 이러한 방식을 '세이캄'이라고 하였다. 이 뺄셈 방식은 우리가 거스름돈을 계산하는 방식과 유사하다. 583원 하는 물건을 사고 1000원을 내었을 때 거스름돈을 계산하는 방식을 생각해보자. 뺄셈 표준 알고리즘을 생각하지 않고 암산으로 풀 때에는 583+7=590, 590+10=600, 600+400=1000와 같은 사고 과정을 거쳐, 417원이라는 값을 얻을 수 있다. 이러한 뺄셈 방식은, 덧셈이 기본적인 연산이고, 뺄셈이 철저하게 덧셈의 역연산으로 정의됨을 보여준다.

인도의 여러 문헌에는 오늘날 사용하는 표준 알고리즘과 다르게 높은 자리인 왼쪽으로부터 낮은 자리인 오른쪽 방향으로 덧셈과 뺄셈을 수행한 것을 보여준다. 그리고 연산의 과정이 그대로 보여지는 형태로 수행하기도 하였다. 예컨대, 23789+38576의 값은 다음과 같은 과정을 통해 구하였다.

인도 덧셈	표준 알고리즘		인도 뺄셈	표준 알고리즘
6236	23789		8	12025
51255	+38576		9421	-3604
23789	62365		12025	8421
38576			3604	

2) 곱셈

이집트의 곱셈 방식은 우리의 방식과 완전히 달랐다. 이집트인들은 곱하기 위해 '두 배하기(doubling)'와 '더하기(adding)'라는 두 가지 조작을 사용하였다. 12×12는 다음과 같은 과정을 통해 얻어진다.

$1 \cdot 12 = 12$	‖∩		
$2 \cdot 12 = 24$	‖‖‖∩∩	‖	$12 \cdot 12 = (4+8) \cdot 12$
$4 \cdot 12 = 48$	‖‖‖∩∩ ‖‖‖∩∩	‖‖‖‖ / $\Rightarrow$	$= 4 \cdot 12 + 8 \cdot 12$ ‖∩∩ ‖∩∩
$8 \cdot 12 = 96$	‖‖‖ ∩∩∩∩ ‖‖‖∩∩∩∩∩	‖‖‖‖ / ‖‖‖‖	$= 48 + 96 = 144$

이러한 이집트의 계산 방법이 가능한 이유는 모든 자연수가 2의 거듭제곱의 합으로 표현 가능하기 때문이다. 임의의 자연수 m에 대하여, m을 이진법으로 바꿀 수 있다. 예컨대, 23은 아래와 같은 과정을 통해 이진법으로 바꿀 수 있다.

$$2) \underline{23} \quad \cdots \ 1$$
$$2) \underline{11} \quad \cdots \ 1$$
$$2) \underline{\ 5} \quad \cdots \ 1$$
$$2) \underline{\ 2} \quad \cdots \ 0$$
$$1$$

$$23 = 2 \cdot 11 + 1 = 2(2 \cdot 5 + 1) + 1 = 2\{2(2 \cdot 2 + 1) + 1\} + 1$$
$$= 2[2\{2(2 \cdot 1 + 0) + 1\} + 1] + 1$$
$$23 = 1 \cdot 2^4 + 0 \cdot 2^3 + 1 \cdot 2^2 + 1 \cdot 2^1 + 1$$
$$23 = 10111_{(2)}$$

따라서 모든 자연수는 2의 거듭제곱의 합으로 표현 가능하다.

러시아 농부 방법이라고 불리는 곱셈 방법은 러시아 일부 지역에서 오늘날에도 여전히 사용되고 있다. 이 방법은 '두 배하기(doubling)'와 '절반 구하기(halving)'의 조합으로 수행하게 된다. 예를 들어 83×154를 하는 경우를 생각해 보자.

83×**154**	/	83×(154) = (82+1)×154 = 82×154 +154
41×**308**	/	= 41×308 +154 = (40+1)×308+154 = 40×308+308+154
20×616		= 20×616+308+154
10×1232		= 10×1232+308+154
		= 5×2464+308+154 = (4+1)×2464+308+154
5×**2464**	/	
		= 4×2464+2464+308+154
2×4928		= 2×4928+2464+308+154
1×**9856**	/	= 1×9856+2464+308+154 = **9856**+**2464**+**308**+**154**

러시아 농부 곱셈 방식을 자세히 살펴보면 이집트 곱셈 방법과 유사점을 발견할 수 있다. 실제로 곱셈 과정에서 $83=82+1=41 \cdot 2+1=(40+1) \cdot 2+1=40 \cdot 2+2+1=\cdots= 2^6+2^4+2+1$이 된다. 이집트 곱셈에서 더하게 되는 수는 2의 거듭제곱의 합 중에서 83을 만들게 되는 수이므로, 지수가 0, 1, 4, 6인 2의 거듭제곱이다.

이집트의 곱셈 방법 이외에 역사적으로 사용되어 온 독특한 곱셈 방법이 있다. 고대 사람들은 손가락을 이용하여 곱셈을 하였는데 현재 중동 지방에서 전해지고 있는 방법이다. 예를 들어 $7×8$을 계산하기 위해, 두 승수 7, 8에 대해 10에 대한 보수를 구하고 그 수만큼 손가락을 편다.

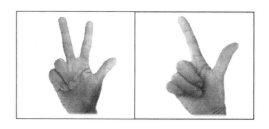

이때, 양손의 구부러진 손가락의 합은 십의 자리를 나타내고, 펼쳐진 손가락의 곱은 일의 자리를 나타낸다. 결국 $7×8 = (2+3)×10+(3×2) = 50+6 = 56$ 이라는 값

을 얻게 된다. 이러한 계산 방법이 타당한 이유는 다음과 같은 원리에 의해 간단히 설명된다. a, $b \geqq 5$인 두 자연수에 대해, α, β가 각각 a, b의 10에 대한 보수일 때,

$$a \times b = (10-\alpha) \times (10-\beta) = 100 - 10(\alpha+\beta) + \alpha \times \beta = 10\{(5-\alpha)+(5-\beta)\} + \alpha \times \beta$$

이 성립하고, 이때 $(5-\alpha)$, $(5-\beta)$는 구부러진 손가락의 수이고, α, β는 펼쳐진 손가락의 수이다.

또한 인도인들이 사용한 독특한 곱셈 방법이 있다. 소위 겔로시아 곱셈법이라고 불리는 이것은 자릿값의 원리를 반영한 방법이다. 각 칸에 행과 열에 해당하는 수의 곱을 십의 자리와 일의 자리를 구분하여 적은 후 같은 대각선에 있는 숫자들을 더한 값을 순서대로 읽으면 곱한 값이 된다. 아래는 675×23=15525를 예시한 것이다.

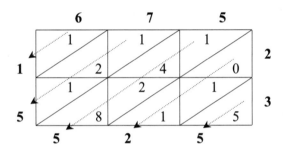

멜빵 방법이라고 하는 다음의 방법도 겔로시아 곱셈법과 같이 자릿값의 원리에 따라 얻어지는 곱셈 방법이다. 5678×1234의 경우, 각각의 숫자들을 연결한 선을 그었을 때, 같은 위치에서 만나는 선분들의 양 끝점에 있는 두 수들을 곱한 값이 같은 자리에 해당한다는 사실을 이용하여 구한다.

$$5678 \times 1234 = 1000000(5 \times 1) + 100000(5 \times 2 + 6 \times 1) + 10000(5 \times 3 + 6 \times 2 + 7 \times 1)$$

$$+ 1000(5 \times 4 + 6 \times 3 + 7 \times 2 + 8 \times 1) + 100(6 \times 4 + 7 \times 3 + 8 \times 2) + 10(7 \times 4 + 8 \times 3) + (8 \times 4)$$

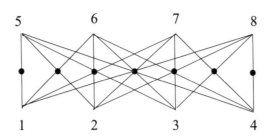

3) 나눗셈과 단위 분수

이집트의 나눗셈은 아주 독특한 방식으로 이루어지는데, 어떤 면에서는 우리가 사용하는 알고리즘보다 이해하기 쉽다. 예컨대, 45÷9를 계산하기 위해, 이집트인들은 45가 될 때까지 9를 가지고 계산한다. 다만, 이 경우는 나머지가 0인 경우에 적용 가능하다.

\	1	9	(1+4)•9=45
	2	18	⇨
\	4	36	따라서, 45÷9=5

그렇다면 나머지가 0이 아닌 경우에는 어떻게 계산하였을까? 나눗셈의 나머지가 0이 아닐 때, 분수가 등장하게 된다. 분수는 이집트의 무게와 측정 시스템에서 사용되었는데, 이집트 분수와 우리가 사용하는 분수 사이에는 현저한 차이가 있다. 우리의 분수 체계에서는 분자가 무엇이 와도 상관이 없지만, 이집트에서는 $\frac{2}{3}, \frac{3}{4}$ 을 제외하고는 분자가 1인 분수, 즉 소위 단위분수라고 하는 것만 인정하였다. 이집트에서의 분수의 표현은 분모에 해당하는 수 위에 ⌒ 를 붙여 나타내었다. 예를 들어, $\frac{1}{12}$ 은 𓎆으로 나타내었다. 다음 몇몇 분수는 독립적인 기호를 가지고 있었다.

$\frac{1}{2} = ⌐$, $\frac{1}{4} = ✕$, $\frac{2}{3} = ⊕$, $\frac{3}{4} = ⬭$

나중에 $\frac{3}{4}$에 대한 표기는 $\sqsubset$ $\times$ ($\frac{1}{2}+\frac{1}{4}$)와 같이 썼다.

문제는 계산 과정에서 단위 분수로 표현될 수 없는 결과가 나온다는 것이다. 그 경우 이집트인은 $\frac{5}{6}=\frac{1}{3}+\frac{1}{2}$, $\frac{3}{4}=\frac{1}{2}+\frac{1}{4}$ 과 같이 결과를 서로 다른 단위 분수의 합으로 나타내었다.

사실 분수를 단위 분수의 합으로 표현하는 방법이 유일하지 않다. 예를 들어, $\frac{7}{24}=\frac{4+3}{24}=\frac{1}{6}+\frac{1}{8}$, $\frac{7}{24}=\frac{6}{24}+\frac{1}{24}=\frac{1}{4}+\frac{1}{24}$ 와 같이 서로 다른 단위 분수의 합으로 표현할 수 있다.

그렇다면 이집트인들은 주어진 분수를 단위 분수의 합으로 표현하는 방법을 어떻게 찾아내었을까? 나누는 과정에서 분수가 등장하였다면 이집트인들은 나눗셈을 어떤 방식으로 수행하였을까? 린드 파피루스에 등장하는 나눗셈은 자연수 몫을 갖지 않는 나눗셈 수행 방식을 보여준다. 여기서는 그들의 분수 표기 방식을 쓰기 쉽게 분모 위에 선을 그어 나타내기로 한다. 즉, $\frac{1}{12}=\overline{12}$, $\frac{2}{3}=\overline{\overline{3}}$.

	1	8	
\	2	16	
	$\overline{\overline{2}}$	4	16+2+1= 19
\	$\overline{4}$	2	
\	$\overline{8}$	1	

오른쪽 열에서 합이 19가 되는 수를 표시하면 위와 같다. 따라서, 나눗셈의 몫은 다음과 같다.

$$2\times8+\overline{4}\times8+\overline{8}\times8=(2+\overline{4}+\overline{8})\times8=19$$

$$19\div8=2+\overline{4}+\overline{8}$$

문제는 나눗셈의 몫(분수)를 $\overline{2}, \overline{4}, \cdots$ 와 $\overline{3}, \overline{3}, \overline{6} \cdots$과 같은 단위 분수열의 합을 이용하여 유한한 단계로 표현할 수 없다는 점이다. 예를 들어 $5 \div 17$은 다음과 같이 진행하게 된다.

1	17		$\overline{17}$	1
$\overline{2}$	8	$\overline{2}$	$\overline{34}$	$\overline{2}$
$\overline{4}$	4	$\overline{4}$	$\overline{68}$	$\overline{4}$
$\overline{8}$	2	$\overline{8}$		
$\overline{16}$	1	$\overline{16}$		

위에서 두 번째 줄은 $17 \times \dfrac{1}{2} = 8 + \dfrac{1}{2}$, 세 번째 줄은 $17 \times \dfrac{1}{4} = 4 + \dfrac{1}{4}$를 의미한다. 따라서 이런 방식으로는 합이 5가 되는 수를 만들 수 없다. 이집트인들은 원하는 수를 만들기 위해 위의 오른쪽 칸에 해당하는 관계를 추가하였다. 이 경우 $4 + \overline{4} + \overline{2} + \overline{4} = 5$가 성립하고, 결국 $5 \div 17 = \overline{4} + \overline{34} + \overline{68}$라는 값을 얻게 된다. 하지만 1을 만드는 수 $\overline{4} + \overline{2} + \overline{4}$을 어떻게 찾아낼 수 있는가 하는 문제가 남는다. 이들은 상보적 덧셈에 의한 이집트 뺄셈에서 보았던 방식으로 채워 넣을 수 있는 단위 분수를 찾는 방법을 채택하였다. 예를 들어 1이 되려면 $\overline{15} + \overline{3} + \overline{5}$에 얼마를 더해야 하는지 찾고자 할 때, $\overline{15} + \overline{3} + \overline{5}$를 (1+5+3)의 관점에서 보면, 합이 9이므로 나머지 6을 만들어야 한다. 따라서 6을 찾을 때까지 계속 계산한다. 표에서 $\overline{3} + \overline{15}$에 해당하는 값이 6이 되므로, 결국 $(\overline{15} + \overline{3} + \overline{5}) + (\overline{3} + \overline{15}) = 1$이 된다.

	1	15
	$\overline{3}$	10
\	$\overline{3}$	5
\	$\overline{15}$	1

이집트인들은 나눗셈에 활용하기 위한 표를 만들어 사용하였다. 이 표에 제시된 값을 보면, 단위 분수들의 합으로 바꾸는 특정 알고리즘에 따라 구하였다기보다는

최적의 분수들로 표현된 것을 알 수 있다. 이집트인들이 최적의 분수를 얻기 위해 특별한 수학적 규칙을 찾았다기보다는 시행착오를 거쳐 최적의 분수를 찾은 것으로 보인다.

문명이 발달하면서 이집트인들이 사용한 것보다 더 정교한 단위 분수 계산법이 필요해졌고, 그러한 발전은 1200년 무렵 이탈리아 수학자 피보나치에 의한 이루어졌다. 그는 자신의 수학 교과서에서 탐욕 알고리즘을 사용하여 분수를 단위 분수의 합으로 변환하는 방법을 소개하고 있다. 물론 린드 파피루스에 대한 연구로 이집트인들이 단위 분수를 활용했다는 것이 밝혀진 것이 19세기이므로 피보나치는 이집트와는 독립적으로 그러한 방식을 발견하였음에 틀림없다.

한편, 실베스터(Sylvester)는 0과 1 사이의 모든 분수를 단위 분수의 합으로 유일하게 표현하는 체계를 제안하였다. 먼저 주어진 분수보다 작은 가장 큰(분모가 가장 작은) 단위 분수를 찾는다. 다음으로 주어진 분수에서 방금 찾은 단위 분수를 뺀다. 그 차보다 작은 가장 큰 단위 분수를 찾는다. 이와 같은 과정을 반복하다보면 주어진 분수가 단위 분수의 합으로 표현된다. 실베스터는 단위 분수의 합으로 고치는 과정을 발명했을 뿐만 아니라 모든 분수가 이와 같은 방법으로 유한개의 단위 분수의 합으로 표현될 수 있다는 것을 증명하였다.

$\frac{13}{20}$ 을 실베스터의 방법에 따라 단위 분수의 합으로 바꾸어 보자. $\frac{13}{20}$ 보다 작으면서 가장 큰 단위 분수는 $\frac{1}{2}$ 이다. 이제 둘 사이의 차를 구하면 $\frac{13}{20} - \frac{1}{2} = \frac{3}{20}$ 이 된다. $\frac{3}{20}$ 보다 작은 가장 큰 단위 분수는 $\frac{1}{7}$ 이다. 두 분수의 차는 $\frac{3}{20} - \frac{1}{7} = \frac{1}{140}$ 이다. 따라서, $\frac{13}{20} = \frac{1}{2} + \frac{1}{7} + \frac{1}{140}$ 이다.

오늘날 분수를 단위 분수의 합으로 바꾸기 위해서는 실베스터의 방법이면 충분하다. 하지만 다음과 같이 특수한 경우를 쉽게 바꾸는 방법도 있다.

$$\frac{2}{m} = \cfrac{1}{m \cdot \cfrac{m+1}{2}} + \cfrac{1}{\cfrac{m+1}{2}}$$

$$\frac{1}{n} = \frac{1}{n+1} + \frac{1}{n(n+1)}$$

위의 식은 m이 홀수일 때 성립하며, 아래 식은 n이 자연수이기만 하면 성립한다. 두 번째 식에 따르면, 어떤 분수가 한 가지 단위 분수의 합으로 표현될 수 있으면, 그것은 무한개의 단위 분수의 합으로 표현될 수 있다. 특정 단위분수를 서로 다른 두 개의 단위분수의 합으로 바꿀 수 있기 때문이다. 또한 실베스터의 방법에 따라 식을 변형하면 유한 번의 작업에 의해 분수를 단위 분수의 합으로 표현할 수 있다. 실베스터의 방법에 의해 단위 분수를 찾아 원래 분수에서 빼면 그 차이를 나타내는 분수의 분자는 원래 분수의 분자보다 작아진다. 예컨대, $m = n \cdot k + r$에 대하여,

$$\frac{n}{m} - \frac{1}{k+1} = \frac{n(k+1)-m}{m(k+1)} = \frac{n-r}{(nk+r)(k+1)}$$

$\dfrac{n}{m} = \dfrac{1}{k+1} + \dfrac{n-r}{(nk+r)(k+1)}$ 에서 두 번째 항 $\dfrac{n-r}{(nk+r)(k+1)}$ 을 다시 단위 분수와 나머지로 바꾸게 되는데, 여기서 $(n-r)$은 n보다 작다. 같은 과정을 반복하게 되므로 유한 번 단위 분수를 빼고 남은 분수 역시 분자가 1인 단위 분수가 된다.

앞에서 기술된 곱셈과 나눗셈 기술을 통해 이집트 산술의 주요 연산은 덧셈임을 알 수 있다. 뺄셈은 덧셈으로 환원되고, 곱셈은 두 배하기와 덧셈을 통해, 나눗셈은 절반 구하기(/두 배 하기)와 덧셈을 통해 구할 수 있다.

이집트의 나눗셈 이외에 역사적으로 나타난 나눗셈 알고리즘 중에서 가장 흥미로운 것은 갤리법이다. 이 방법은 나눗셈 연산을 끝냈을 때 숫자의 배열이 갤리선이라고 하는 배 모양과 유사하다고 하여 갤리법이라고 불렀다. 영국에서는 말소법이라고 불렀다. 계산은 몫을 정하고 나서 제수의 각 자릿수와의 곱만큼을 빼고 남은 수를 적는 방식으로 진행된다. $379615 \div 68$을 계산하는 갤리법과 현대적인 나눗셈 표준 알고리즘을 비교하는 것은 매우 흥미롭다.

```
        5            55           558          5582
68 │ 379615       379615       379615       379615
     340           340          340          340
      39           396          396          396
                   340          340          340
                    56          561          561
                                544          544
                                 17          175
                                             136
                                              39
```

```
                        5            51            513
           3           30           398           3985
          79           796          7967          79679
       379615  (5   379615  (55  379615  (558  379615  (5582
          68           688          6888          6888
                        6            66            66
```

두 알고리즘 모두 몫의 첫 번째 자리를 결정한 후 제수와의 곱만큼을 피제수에서 빼준다. 몫의 두 번째 자리를 결정한 후 같은 과정을 반복한다. 표준 알고리즘에서는 제수와 몫을 곱한 값을 결정한 후 한꺼번에 빼지만, 갤리법에서는 제수의 각 자릿수와 몫을 곱한 값을 차례로 뺀다. 표준 알고리즘이 익숙한 우리에게는 다소 낯선 방법이지만, 이 방법은 16세기 말에도 널리 사용되었고, 영국에서는 18세기 말까지도 사용되었다.

생각해 보기

2.2 단위 분수의 합으로 나타내기

두 배하기, 절반 구하기, 덧셈을 이용한 이집트의 나눗셈 방법에 따라 $20 \div 24$, $11 \div 15$, $9 \div 24$을 구해 보자. 이때, 분수 $\frac{2}{3}$를 활용한다.

4. 흥미로운 기하 문제

고대 그리스에는 매우 유명한 세 가지 문제가 있었다. 원과 넓이가 같은 정사각형 작도 문제, 각의 삼등분 문제, 정육면체 부피의 두 배가 되는 정육면체 작도 문제가 그것이다. 작도에는 눈금 없는 자와 컴퍼스만을 이용해야 하는 조건이 주어졌다. 사실 특수한 곡선이 주어지면 이러한 문제를 해결할 수 있었지만, 작도에 있어 직선과 원을 충분한 것으로 고수한 그리스인들에게 그러한 작업은 다소 불만족스러웠다. 사실 이들 작도가 불가능하다는 사실은 19세기에 와서 증명되었지만, 그때까지 해를 발견하기 위한 다양한 시도는 엄청난 수학적 발견을 이끌어내었다.

1) 다각형을 정사각형으로 바꾸기

키오스의 히포크라테스는 잘 알려져 있지는 않지만, 생애 전반기에 상인으로 살았다. 그가 다른 나라 세관에 걸렸다는 설이 전해지고 있으나 꽤 오랜 기간이 지난 후에 아테네에 나타났으며, 그때부터는 기하를 공부하고 세 가지 업적을 남긴 것으로 유명하다. 첫째는 활꼴의 넓이 구하기이고, 둘째는 정육면체의 배적 문제 해결에서 진일보를 이룬 것이고, 셋째는 최초의 기하 교과서의 편집이다.

히포크라테스 당시 선분으로 둘러싸인 도형의 넓이와 같은 정사각형을 구하는 것은 수학자들에게 이미 알려져 있던 사실이었다. 이는 다음과 같은 절차를 통해 구할 수 있다.

①	모든 다각형은 삼각형으로 분해한다.
②	임의의 삼각형을 넓이가 같은 직각삼각형으로 바꾼다.
③	직각삼각형을 넓이가 같은 직사각형으로 바꾼다.
④	직사각형과 넓이가 같은 정사각형으로 바꾼다.
⑤	두 개의 정사각형의 넓이의 합과 같은 정사각형을 작도한다.

①은 한 꼭지점에서 이웃하지 않은 꼭지점에 대각선을 그으면 가능하다.

밑변과 높이가 같으면 삼각형의 넓이가 같으므로, 점 A에서 선분 BC에 평행한 선을 작도하고, 점 C에서 평행선에 수선을 작도할 수 있으므로 ②는 쉽게 보일 수 있다.

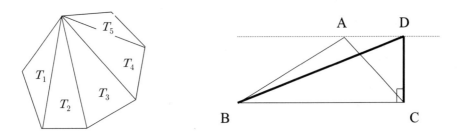

③ 단계는 직각삼각형의 밑변의 이등분점을 잡아 점 A와 연결한다. 이때 만들어진 선분 CD와 선분 AC를 두 변으로 하는 직사각형의 원래 삼각형 ABC와 넓이가 같다.

④ 단계는 직사각형의 두 변의 합을 지름으로 하는 원을 그려 구할 수 있다. 즉, 직각삼각형의 두 변인 선분 AC와 선분 DC를 지름으로 하여 원을 그린 후, 점 C에서 선분 AD에 대한 수선을 그리면 원과 만난다. 그 점을 F라 두자. 이때, 삼각형 AFC와 삼각형 FDC는 닮음이 된다. 따라서 $\overline{AC}:\overline{FC}=\overline{FC}:\overline{DC}$, 즉 $\overline{FC}^2=\overline{AC}\times\overline{DC}$가 성립한다. $\overline{AC}\times\overline{DC}$는 선분 AC와 선분 DC를 밑변과 높이로 하는 직사각형의 넓이이고, $\overline{FC}^2$은 선분 FC를 한 변으로 하는 정사각형의 넓이이다. 따라서 직사각형과 넓이가 같은 정사각형으로 바꿀 수 있다.

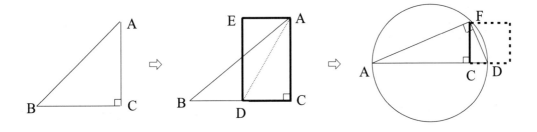

⑤ 단계는 피타고라스의 정리를 이용하여 구할 수 있다. 한 변의 길이가 a, b인 정사각형이 주어진 경우, 두 변을 직각삼각형의 밑변과 높이로 하는 직각삼각형의 빗변을 구할 수 있다. 이 빗변을 한 변으로 하는 정사각형이 바로 두 정사각형의 넓이

의 합과 같은 정사각형이 된다. 이러한 일련의 단계를 거치면 모든 다각형은 넓이가 같은 정사각형으로 바꿀 수 있다.

2) 히포크라테스의 활꼴

그리스인들에게 다각형의 넓이는 몇 단계의 작도의 과정을 거치면 아주 쉽게 구할 수 있는 것이었다. 하지만 곡선으로 둘러싸인 넓이는 전혀 다른 차원의 문제였다. 히포크라테스는 곡선으로 이루어진 도형과 넓이가 같은 직선으로 이루어진 도형을 보임으로써 도형의 넓이 문제에서 한 단계 나아갈 수 있게 하였다.

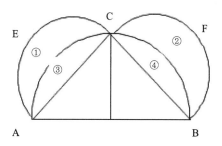

이 도형에서 활꼴 ①과 ②는 두 개의 서로 다른 호에 의해 둘러싸인 영역이다. 직각이등변삼각형 ABC는 반원 ACB에 내접하고, 호 AEC와 호 BFC는 반원이다. 히포크라테스는 활꼴 ①과 ②의 넓이의 합이 삼각형 ABC의 넓이와 같음을 처음 증명하였다.

이는 크기가 같은 반원 ACB의 반지름을 길이를 a라 하면, 반원 AEC의 반지름의 길이는 피타고라스 정리에 의해 $\frac{\sqrt{2}}{2}a$가 된다. 결국 반원 AEC의 넓이와 반원 AFB의 넓이의 합은 반원 ACB의 넓이의 합과 같다. 따라서 두 활꼴 ①과 ②의 넓이의 합은 삼각형 ACB의 넓이와 같다.

또한 히포크라테스는 윗변과 양 옆의 변의 길이가 같은, 반원에 내접하는 사다리꼴에서 다음과 같은 도형 사이의 넓이 관계를 보여주었다. 원에 내접하는 정육각형에서 한 변을 지름으로 하는 반원을 그리면, ①, ②, ③과 같은 3개의 활꼴 모양이 만들어진다. 히포크라테스는 3개의 활꼴과 작은 반원의 넓이의 합이 정육각형의 넓이의 반과 같다는 사실을 알아내었다.

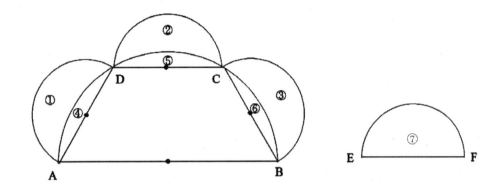

$\overline{AD} = \frac{1}{2}\overline{AB}$이므로,

$$\frac{(반원\ \overline{AD}의\ 넓이)}{(반원\ \overline{AB}의\ 넓이)} = \frac{\overline{AD}^2}{\overline{AB}^2} = \frac{1}{4}$$

(반원 $\overline{AD}$ 넓이)+(반원 $\overline{DC}$ 넓이)+(반원 $\overline{CB}$ 넓이)+(반원 $\overline{EF}$ 넓이)=(반원 $\overline{AB}$ 넓이)

양변의 공통인 영역 ④, ⑤, ⑥을 소거하면,

(활꼴 ①)+(활꼴 ②)+(활꼴 ③)+(반원 $\overline{EF}$ 넓이)=(사다리꼴 ABCD 넓이)가 된다.

이처럼 히포크라테스는 곡선으로 둘러싸인 도형과 넓이와 같은 도형을 찾는 노력을 통해, 원의 넓이와 같은 다각형을 찾아 원적 문제를 해결하고자 하였다. 하지만 오늘날 이미 증명되었듯이 원과 넓이가 같은 정사각형을 작도하는 것은 불가능하다. 그의 노력은 특수한 사례에 적용되는 제한적인 것이었다.

3) 아르키메데스와 구의 부피

역사상 가장 위대한 수학자의 한 사람으로 인정받는 아르키메데스는 알렉산드리아 도서관에서 공부하였으나, 대부분의 생애를 자신의 고향인 시칠리아의 시라쿠사에서 보냈다. 일반적으로는 아르키메데스 하면 부력의 법칙이나 스크루를 비롯한 여러 가지 발명품을 떠올리지만, 사실 그는 인류 역사상 가장 위대한 수학자로 인정받고 있다. 이는 단연코 고대의 적분법 정립이라는 수학적 업적 때문이다. 그는 원주율 π를 구하는 일반적인 방법을 찾았을 뿐만 아니라 곡선으로 둘러싸인 평면 도형의 넓이와 곡면으로 둘러싸인 공간 도형의 부피를 구하는 방법을 보여주었다. 당대로부터 전해져오던 <구와 원기둥에 관하여>, <평면의 균형에 관하여>와 같은 저작보다 더 뛰어난 그의 저작은 <방법론>이다. 다만, 이 책이 오랫동안 묻혀 있어서 그가 정리를 어떻게 발견하게 되었는지, 어떠한 착상과 동기로 증명에 이르렀는지 알 수 없었고, 수학자들과 천문학자들이 그 결과를 사용할 뿐이었다.

「방법론」은 오랫동안 잊혀졌던 책인데 1906년 사본이 발견되었다. 10세기경에 다시 쓴 것이었는데, 양피지에 쓴 이 필사본은 지워진 후 다른 글을 쓴 양피지였다. 고고학자들이 양피지를 분석하는 과정에서 희미하게 나타난 그의 「방법론」을 복원해냈다.

친구인 에라토스테네스에게 보낸 편지 형식으로 이루어진 이 책은 15개 정도의 명제로 구성되어 있으며, 자신이 넓이나 부피에 관한 많은 이론을 발견하는데 사용한 방법에 대해 말하고 있다. 그의 방법은 17세기 뉴턴과 라이프니츠가 미적분학을 발달시킬 때 사용한 방법과 유사하다.

아르키메데스는 「구와 원기둥에 관하여」라는 책에서 구의 부피와 겉넓이에 대한 공식을 증명하고 있다. 그는 반지름이 r이고, 높이가 2r인 직원기둥에 반지름이 r인 구를 내접시키면, 구의 부피와 겉넓이는 각각 외접하는 직원기둥의 부피와 겉넓이의 $\frac{2}{3}$이 된다는 사실을 밝혔다. 그는 이러한 자신의 업적을 배우 자랑스럽게 생각하고 자신의 무덤에 새겨달라고 요청했다.

이에 대한 증명은 아래 제시된 그림을 통해 쉽게 이해할 수 있다.

① (단면에 의해 잘린 원의 넓이) = (원기둥의 넓이) - (원뿔의 넓이)
② (구의 부피) = (원기둥의 부피) - (원뿔의 부피)
③ 구, 원기둥, 원뿔의 부피에 대한 공식을 이용하여 결과 확인하기

아르키메데스가 구의 부피를 구하는 과정은 좌표기하학과 평형의 원리를 이용하여 설명할 수 있다. 아래와 같이 도형을 그려놓으면, 원은 중심이 $(a, 0)$이다. 따라서 다음이 성립한다.

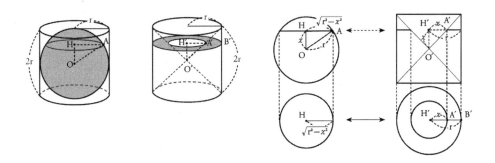

$$(x-a)^2 + y^2 = a^2$$

$$x^2 + y^2 = 2ax$$

$$\pi x^2 + \pi y^2 = \pi 2ax$$

$$2a(\pi y^2 + \pi x^{2)} = x\pi(2a)^2$$

우변은 밑면의 반지름의 길이가 $2a$이고 높이가 $2a$인 원기둥의 단면의 넓이를 나타낸다. 원기둥은 그대로 두고 구와 원뿔을 원점에서 왼쪽으로 $2a$ 거리에 x축에 수직으로 매 단 것으로 생각하면, 위의 식은 원점에서 $2a$의 거리에 있는 구와 원뿔의 단면의 넓이와 원점에서 x의 거리에 있는 원기둥의 단면의 넓이가 지레의 원리에 의해 균형을 이루고 있는 것으로 해석할 수 있다. x를 0부터 $2a$까지 변화시키면, 이들 단면은 각각 구, 원뿔, 원기둥이 된다. 따라서 구의 부피를 V라고 하면, 다음의 식이 성립하게 된다.

$$2a\left(V + \frac{\pi(2a)^2 2a}{3}\right) = a\pi(2a)^2 2a$$

$$V = \frac{4\pi a^3}{3}$$

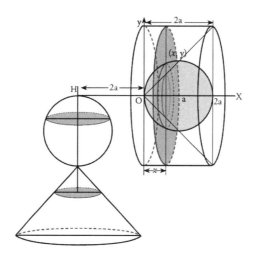

2.3 구, 원뿔, 원기둥

아르키메데스가 제시한 구의 부피를 구하는 방법을 음미하고, 위에 제시한 방법을 확인해 보자.

참고 문헌

김용운, 김용국(2007). **재미있는 수학여행 1: 수의 세계**. 김영사.

박영훈(2017). **수학은 짝짓기에서 탄생하였다**. 가갸날.

우정호(1998). **학교수학의 교육적 기초**. 서울대학교출판부.

우정호(2000). **수학 학습-지도 원리와 방법**. 서울대학교출판부.

Bunt, L. N., Jones, P. S., Bedient, J. D.(1976). *The Historical Roots of Elementary Mathematics*. Dover Publictions, INC.

Burton, D. M. (2011). *History of mathematics*. Mcgraw-Hill.

Ifrah, G. (1985). Les Chiffres. editions Robert Laffont. 김병욱(역)(2011). **숫자의 탄생**. 도서출판 부키.

Boyer, B. C. (1991). *A History of Mathematics*. 양영오 · 조윤동(공역)(2000). **수학의 역사 · 상**. 경문사.

Devlin, K. (1994). *Mathematics: The Science of Patterns*. 허민 · 오혜영(공역)(1996). **수학: 양식의 과학**. 경문사.

Rudman, P.(2007). *How Mathematics Happened*. Prometheus Books. 김기응(역), **수학의 탄생**. 살림 Math.

2부. 수학과 만나다

3장. 수학으로 집짓다

4장. 수학과 음악하다

5장. 수학으로 암호화하다

6장. 수학으로 차원을 말하다

3장
수학으로 집짓다

아인슈타인은 이렇게 말했다.

"우리가 경험할 수 있는 가장 멋진 것은 신비감이다. 이것은 진정한 예술과 과학이 탄생할 때 드는 기본적인 감정이다. 이것을 모르고 더 이상 놀라워하지도 경탄하지도 못하는 사람은 꺼져 버린 촛불처럼 죽은 거나 다름없다."

− Livio, Mario(2011), p.26

3장. 수학으로 집짓다

1. 고대 건축과 황금비 | 2. 한옥과 금강비 | 3. 속삭이는 회랑의 비밀

고대에서 현대에 이르기까지 많은 건축물에서 수학을 찾을 수 있다. 건축을 수학적으로 지었다고 할 것인지 또는 아름다운 건축을 수학으로 해설할 수 있다고 할 것인지 건축과 수학의 관계를 맺는 방법은 다를 수 있다. 하지만 멋진 건축과 수학의 관련성은 부인할 수 없으며, 이것은 세상에 펼쳐있는 수학을 만나는 놀라움이기도 하다. 이 장에서는 건축을 중심으로 수학에서 잘 알려져 있는 비례와 곡선을 살펴본다. 고대 건축의 황금비, 한옥의 금강비, 속삭이는 회랑의 원뿔곡선을 중심으로 수학을 놀랍게 만나보기로 한다.

1. 고대 건축과 황금비

1) 안정감 있는 건축물의 비밀

피라미드는 정사각뿔 형태의 고대 유적을 말하는 데, 그중 고대 이집트의 유적으로

서 가자의 3대 피라미드가 유명하다. 이 피라미드는 약 4500년 전에 만들어 진 것으로 파라오 왕의 무덤이라고 한다. 밑면은 정사각형이고 옆면은 삼각형 모양으로 정사각뿔의 형태이다. 그 크기를 본다면, 피라미드 가운데 가장 큰 것은 높이가 약 147m이고 한 변의 길이는 230m가 넘는다고 한다. 평균 2.5톤이나 되는 큰 돌을 약 230만 개를 쌓아 올려서 만들어졌다고 한다. 이렇게 거대한 건조물을 만들었다는 것은 그 당시 수학적 지식은 상당할 것으로 예상할 수 있다.

특별한 특징이 없는 사각뿔이지만 거대함과 안정감이 뛰어나다. 정사각뿔 모양의 단순한 피라미드가 단지 거대하기만 한 것이 아니라 안정감과 아름다움을 느낄 수 있는 비밀을 이 축조 안에 있는 비에서 찾을 수 있다. 피라미드에서 정사각형의 바닥면과 정삼각형의 옆면이 이루는 각도는 약 52°이다. 피라미드 높이 약 146m와 바닥면의 한 변의 길이 230m는 길이의 비가 '146 : 230'이고 대략적으로 '5 : 8'이다. 아래 그림의 피라미드는 여러 부분에서 길이의 비 약 5 : 8이 나타난다. 이 비는 정확하게는 무리수의 비율로 나타나지만, 4000년~5000년 전의 동서양에서 중요한 비로 여겨져 왔다. 건축물, 조각상, 그림 등 아름답고 안정된 형태에서 잘 나타난다. 길이를 둘로 나누어서 가장 아름답게 표현하는 방법으로 5000년 전부터 사용되어 왔으며, 이 놀라운 비에 관한 많은 연구들은 중세에 신성한 것으로 여겨졌고 15~16세기경에 '황금분할' 또는 '황금비'라는 명칭이 붙여졌다.

고대 이집트 피라미드

(사진 출처 : 위키백과 https://www.wikipedia.org)

파르테논은 아테네의 아크로폴리스에 있는 것으로 아테나 여신의 숭배자들의 신전이라고 알려져 있다. 단순하면서도 통일된 정신을 표현하고 있으며 뛰어난 건축물의 하나로 손꼽힌다. 파르테논 구조가 지니고 있는 완벽함에는 수학적 원리가 있다고 생각하고 이를 밝히려는 시도가 계속되어 왔다.

 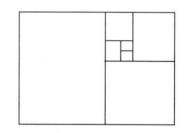

파르테논 신전
(사진 출처: 위키백과 https://www.wikipedia.org)

기원전 4세기경에 세워진 파르테논 신전은 동쪽을 향하고 있다. 동쪽에 8개의 기둥이 있고 옆면에는 17개의 기둥이 있다. 파르테논 신전의 동쪽 면은 황금 분할 사각형의 모양과 잘 맞고 높이와 너비는 1 : 1.618로 나타난다. 파르테논 신전의 곳곳에 황금비율이 있고 균형과 조화의 아름다움을 보여준다고 알려져 있다.

황금비가 기록된 것은 유클리드의 <원론>에서 외중비라는 말로서 해설하였는데, 이름은 다르지만 황금비와 동일한 것이었다. 하지만 이 책은 피라미드가 세워진 후 2천여 년이 지나서야 나온 것이다. 과연 고대 건축을 설계하는 데에 황금비가 사용되었다고 할 수 있을까? 황금비가 고대 건축물에서 나타난다는 주장에 대하여 이의를 제기하기도 한다. 건축물 자체에 엄격한 어떤 비율을 적용하여 일반화하는 것을 반박하기도 한다. 수학자들 사이에도 파르테논의 실제 치수와 황금비가 들어맞는가에 대하여 논쟁하고 있는 중이다.[1] 단언하여 고대 건축에 황금비가 사용되었다고 말하기는

---

1) 최근 실제로 파르테논 신전의 가로와 세로의 길이를 재본 결과 황금비 1.618이 아니라 1.74에

어렵겠지만, 예를 들어 황금비와 관련된 수학 이론들은 파르테논 신전이 지어진 뒤에 나타났지만 건축이전에 상당한 지식이 있었고 파르테논의 건축가들은 미의 기준으로 어떤 비를 활용하여 설계했다고 할 수 있다. 파르테논의 건축은 황금비인가 아닌가를 말할 수는 없지만, 기원전 4세기의 그리스 인들은 수학적인 건축을 완성하였고 이후 유클리드 <원론>에서 그 정점을 이루었다는 것은 부인할 수 없다. 고대에 황금비로 건축하였다는 말보다 오히려 고대 건축의 아름다움에서 만날 것 같지 않은 수학의 황금비를 만난다는 것이 더욱 놀라운 일이다.

2) 황금분할과 황금비

황금비는 완전하고도 아름다운 비라고 불리우며 아름다움을 상징하는 많은 곳에서 회자된다. 황금비라고 불리는 이 비는 기원전 300년경 유클리드에 의하여 수학적으로 정의된 바 있다. 유클리드는 연역체계로서의 기하학을 창시한 사람으로서 그의 <원론>에서 황금비를 찾을 수 있다. 첫 번째 정의는 넓이와 관련하여 2권에 서술되어 있고, 두 번째 정의는 비례와 관련하여 4권에 나타나 있다. 황금비를 이용하여 정오각형의 작도를 하였고 정12면체나 정20면체를 작도할 때에 이용하였다.

황금비의 값을 나타내는 공통 기호로는 수학 문헌에서는 분할을 뜻하는 토미(τομή)의 첫 글자에서 따온 그리스 문자 τ(타우)를 사용하기도 하고, 20세기 수학자 마크 바(Mark Barr)는 그리스 조각가 피디아스의 이름의 첫 글자에서 따온 Φ(피)[2]를 소개하면서 최근 Φ(피)를 종종 사용한다.

선분을 분할할 때 절반보다는 약간 치우치게 황금분할하는 점으로 나누면 아름답게 보인다고 한다. 이제 황금비의 정의에 따라서 황금비의 값을 구해보자. 아래와 같이 짧은 선분 CB를 1이라고 하고 긴 선분 AC를 x라고 하자. 이때 x와 1의 비는 $(x+1)$와 x의 비와 같을 때, 점 C는 선분 AB를 황금 분할한다고 말한다.

가깝다고 한다(Livio, 2011).

2) Φ는 그리스어 발음은 피[fi], 영어 발음은 [fai] 또는 [fi]로 사용하는데 원주율 π와 구별하기 위하여 피[fi]로 읽는다.

여기에서 황금비의 값인 x를 구해 보자.

$$\frac{x}{1} = \frac{x+1}{x}$$

양변에 x를 곱하고, 정리하면 아래와 같은 이차방정식이 된다.

$$x^2 - x - 1 = 0$$

근의 공식을 이용하여 풀면,

$$x = \frac{1 \pm \sqrt{5}}{2}$$

$$\left(x_1 = \frac{1+\sqrt{5}}{2} \text{은 양의 값이고, } x_2 = \frac{1-\sqrt{5}}{2} \text{ 은 음의 값을 갖는다.}\right)$$

두 값 중에서 양의 해 $x_1 = \frac{1+\sqrt{5}}{2}$에서 황금비의 값 1.618…을 구할 수 있다.
선분 AB에서 긴 선분 AC와 짧은 선분 CB의 비는 약 1.618 : 1을 황금비라고 하고
1.618은 황금비율이라고 한다. 이 황금비의 값은 소수점 아래의 수가 끝없이 계속되는
무한 소수이고, 비순환하는 소수로서 무리수이다.

황금비의 값을 종종 약 0.618이라고 표현하기도 한다. 아래 그림과 같이 선분 AB를
1이라고 하고 점 C를 선분 AB를 황금분할하는 점이라고 하자.

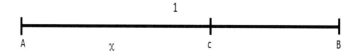

이때 점 C가 선분 AB를 황금분할하는 점이므로, 선분 AB와 선분 AC의 비는 선분 AC와 선분 CB의 비와 같다. 이것을 비례식으로 나타낸다면,

$$1 : x = x : (1 - x)$$

이것을 내항의 곱과 외항의 곱이 같음을 이용하여 정리하면,

$$x^2 + x - 1 = 0$$

근의 공식을 이용하여 풀면,

$$x = \frac{-1 \pm \sqrt{5}}{2}$$

($x_1 = \dfrac{-1 + \sqrt{5}}{2}$ 은 양의 값이고, $x_2 = \dfrac{-1 - \sqrt{5}}{2}$ 은 음의 값을 갖는다.)

두 값 중에서 양의 해 $x_1 = \dfrac{-1 + \sqrt{5}}{2}$ 에서 황금비의 값 0.618…을 구할 수 있다.

황금비를 작도하는 과정에서 주로 회자되는 도형으로 정오각형을 들 수 있다. 정오각형의 대각선을 모두 연결하였을 때 만들어지는 별모양을 펜타그램이라고 부른다. 이 정오각형과 펜타그램에서 황금비를 곳곳에서 찾을 수가 있다. 피타고라스 학파의 상징도 원 속에 이 펜타그램이 그려져 있는데 황금비를 신성하게 여겼기 때문이라고 전해진다.

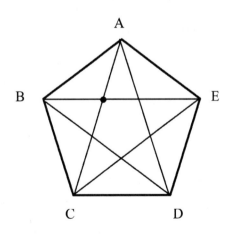

정오각형에서 황금비를 이루는 곳을 찾아보자. 먼저 정오각형의 한 변의 길이와 대각선의 길이의 비가 황금비이다. 아래의 정오각형 ABCDE에서 한 변의 길이를 1이

라고 하고, 대각선의 길이를 x라고 하자.

$$\triangle ABC \equiv \triangle ABE \text{ (세 변의 길이가 같으므로 합동이다.)}$$
$$\triangle ABC \approx \triangle AQB \text{ (세 각의 크기가 같으므로 닮음이다.)}$$
$$\overline{AB} : \overline{AC} = \overline{AQ} : \overline{AB}$$
$$1 : x = (x\text{-}1) : 1$$

위의 비례식에서 내항의 곱과 외항의 곱이 같음을 이용하여 정리하고, 근의 공식을 이용하여 풀면 x는 황금비의 값을 갖는다.

$$x^2 - x - 1 = 0$$
$$x = \frac{1 \pm \sqrt{5}}{2}$$

두 값 중에서 양의 해 $\frac{1+\sqrt{5}}{2}$ 에서 황금비의 값 1.618…을 구할 수 있다.

또한 정오각형에서 같은 꼭지점을 갖지 않는 두 대각선은 서로 다른 쪽의 대각선을 황금분할한다. 예를 들어, 점 Q는 정오각형의 대각선 AC를 황금분할하는 점이다. 각 대각선을 살펴보면, 대각선이 교차하는 모든 점은 각 대각선을 황금분할하는 점이 된다.

황금비의 매력은 예상하지 못한 이곳저곳에서 찾을 수 있으며, 동서고금을 불문하고 아름답다고 느끼는 건축물에 황금비가 깃들어 있다. 아름다운 건축물들이 모두 황금비에 의하여 건축되었다고 일반화할 수는 없지만 건축물 곳곳에서 황금비를 읽을 수 있다는 것은 역시 놀라운 일이다.

3.1 황금비와 아름다움

우리 주변의 물건이나 우리의 몸에도 황금비가 있다고 한다. 황금 분할기를 이용하여 황금비를 찾아보고 아름다움을 느낄 수 있는 분할과 관련하여 논의해보자. (황금 분할기는 황금비를 가지고 있는지 알아보거나 황금비를 가진 도형을 편하게 그릴 수 있는 도구이다.)

2. 한옥과 금강비

1) 한옥에 나타나는 금강비 $\sqrt{2}$

서양의 건축물에서 아름다운 비로 황금비를 찾는다면, 우리나라 건축물에서는 아름다운 비로 $\sqrt{2}$를 찾을 수 있다. '1 : $\sqrt{2}$'의 비는 우리나라에서 발견되는 비로서 금강산과 같이 아름다운 비례라는 뜻으로 '금강비'라고 불린다.

우리나라 사람들의 전통적인 한옥은 우아함과 과학성으로 널리 인정받고 있다. 전통 한옥의 우아함을 보여주는 곳곳에는 과학적으로 건축된 수학적 요소들이 나타난다. 구고현의 정리(피타고라스 정리)와 사이클로이드 곡선 등이 많이 회자 된다. 여기에서는 한옥의 문을 중심으로 금강비를 살펴보기로 한다. 한옥의 문은 서양의 문과 비교하면 그리 높지도 않다. 서양의 유명한 문들은 지나치게 높아서 종종 압도당하는 느낌을 주기도 하지만 한옥의 문들은 크지는 않지만 왜소하지 않고 우아함을 느끼게 한다. 한옥의 문에는 문의 크기와 관계없이 문의 높이와 폭은 거의 대체로 일정한 비율 유지한다. 높이와 폭을 조화롭게 유지하는 금강비 $\sqrt{2}$를 찾을 수 있다고 한다.

자연과 조화를 이루고 있는 궁궐 창덕궁을 살펴보자. 창덕궁은 조선왕조의 왕궁으로 인위적인 구조를 따르지 않고 주변과 조화를 이루도록 건축하여 한국적인 궁궐이라고 평가받고 있다. 여러 차례의 화재로 인하여 소실되고 또 재건되면서 많은 변형도 있었지만 복원 사업이 진행되어 왔고 현재에 있다. 1997년에 유네스코 세계문화유산으로도 등재되어 있다. 창덕궁에 있는 문을 중심으로 금강비를 찾아보자.

창덕궁의 인정문   규장각의 어수문

(사진 출처: 문화 재정 창덕궁 가이드북)

　인정전은 창덕궁의 정전으로서 중요한 국가적 의식을 치르던 곳이었다. 인정전의 '인정문'은 당당하면서도 소박해 보인다. 월대의 높이가 낮고 난간도 달지 않아서 느껴지는 느낌이기도 하다. 인정문에서는 폭과 높이의 비 $\sqrt{2}$ 를 찾을 수 있다. 규장각은 '문장을 담당하는 하늘의 별인 규수(奎宿)가 빛나는 집'이란 뜻이라고 한다. 높은 언덕 위에 있는 주합루는 천지 우주와 통하는 집이라는 뜻으로, 주합루로 올가 가는 문이 '어수문'이다. 통치자는 백성을 생각해야 한다는 교훈을 담아서, 어수문이란 물고기는 물을 떠나서 살 수 없다라는 뜻을 담고 있다. 큰 문 하나와 양쪽에 작은 문 두 개가 있다. 이들 문에서 $\sqrt{2}$ 의 비를 찾을 수 있다.

　이 외에도 낙선재는 헌종의 서재 겸 사랑채로 현종의 검소함이 느껴지는 곳이라고 한다. 낙선재의 여러 문들에서 $\sqrt{2}$ 를 찾을 수 있다. 또한 '불로문'은 무병장수를 기원하면서 창덕궁 연경당 입구에 세워져 있는 돌문이다. 이 문을 지나가면 무병장수한다고 전해지는 데 이 문의 가로와 세로의 비도 $\sqrt{2}$ 라고 한다.

낙선재의 일곽의 문살   불로문

(사진 출처: 문화 재정 홈페이지의 사진 자료실)

금강비 $\sqrt{2}$ 는 동양인의 신체구조와 관련하여 회자되기도 한다. 동양인은 서양인보다 키가 약간 작다는 점에서 아름다움의 비가 다를 수 있다라는 해설이다. 키가 큰 서양인에게는 1 : 1.618 정도의 비를 아름답다고 여겨지지만, 동양인이 상대적으로 키가 작기 때문에 1 : 1.414 정도의 비에서 아름다움을 느낀다는 것이다. 서양의 건축에서는 황금비를 흔히 만나지만 금강비는 잘 나타나지 않고, 반면에 동양의 건축에서는 금강비를 흔히 만날 수 있지만 황금비는 흔하지 않다.

2) 무리수 $\sqrt{2}$

금강비의 값 $\sqrt{2}$ 는 유리수가 아니다. 순환하지 않는 무한소수로서 분수로 나타낼 수 없다는 것이다. 제곱근 2 또는 2의 양의 제곱근은 자기 자신을 곱하여 2가 되는 양의 실수이다. 기하적으로는 한 변의 길이가 1인 정사각형의 대각선의 길이로 나타낼 수 있다.

'밑변과 높이가 1인 직각삼각형에서 빗변의 길이가 얼마나 될까?'라는 질문은 피타고라스 학파에게 곤혹스러운 물음이었다. 피타고라스 학파는 '만물은 수'라고 생각하였고, 이때의 수는 자연수 또는 정수를 말한다. 피타고라스 학파에게 있어서 정수의 비로 나타낼 수 없는 수가 존재한다는 것은 인정할 수 없었던 것이다. 하지만 $\sqrt{2}$ 는 아래 그림과 같이 수직선 위에서 자기 위치를 찾을 수 있다.

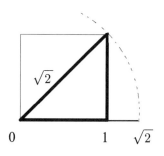

밑변과 높이가 각각 1인 직각삼각형을 수직선 0과 1에 오도록 하고, 컴퍼스의 한 끝점을 0에 놓아 직각삼각형의 빗변의 길이를 반지름으로 하는 원을 그린다고 하자. 이 원과 수직선이 만나는 점이 수직선 상에서 $\sqrt{2}$를 가리키는 위치이다.

이것은 수직선이 유리수로 차 있다는 또는 유리수만으로 나타낼 수 있다는 믿음과는 달리 새로운 $\sqrt{2}$ 라는 무리수가 있다는 것이다. 유리수만으로 꽉 차있을 듯했던 수직선에는 빈 구멍이 무한히 많이 있고 이들은 바로 $\sqrt{2}$와 같은 무리수들이다.

이러한 새로운 수는 무한하는 수이며 정수나 정수의 비로 나타낼 수 없는 수였다. 피타고라스 학파는 정수의 비로 나타낼 수 없는 이 수는 감추고 싶었을 것이다. 전해지는 이야기로는 2의 제곱근

고대 바빌로니아 점토판 $\sqrt{2}$
(사진 출처 : 위키백과
https://www.wikipedia.org)

이 무리수라는 것을 증명한 사람은 피타고라스의 제자 히파수스(Hippasus)라고 한다. 히파수스가 그 존재를 발설하려고 하자 피타고라스 학파는 무리수를 감추고자 그를 수장시켰다고 전해진다.

그러나 2의 제곱근의 길이를 구하려는 시도는 피타고라스 학파 이전에 이미 나타나 있으며, 고대 바빌로니아 점토판에서는 그들의 60진법을 활용하여 다음과 같이 근사값을 구하고 있다.

$$1 + \frac{24}{60} + \frac{51}{60^2} + \frac{10}{60^3} = 1.41421\overline{296}$$

우리가 사용하고 있는 A4 용지에서도 일정한 비를 찾을 수 있다. A4 용지의 가로와 세로는 각각 297mm, 210mm이다. 단순하게 300mm, 200mm로 정하지 않고 이렇게 복잡한 수로 가로와 세로를 정해졌을까? A4 용지는 A0 용지에서 시작하여 반으로 접어가면서 만들어진 종이이다. 오른쪽 그림과 같이 A0에서 계속 반을 잘라가면서 4번을 잘랐을 때 A4 용지이다. 이때 만들어지는 직사각형들

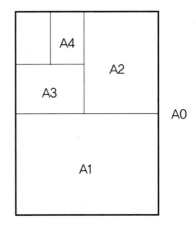

을 살펴보면 가로와 세로의 비가 계속 일정하게 유지된다.

예를 들어 A4 용지에서 긴 변과 짧은 변의 길이의 비는 반으로 접어서 만들어지는 작은 직사각형 A5 용지에서 긴 변의 길이와 짧은 변의 길이의 비를 같다. 이 비가 얼마인지 구해보자. 아래 그림의 A4 용지에서 짧은 변을 1이라고 하고 긴 변을 x라 하자. 반을 접어서 만들어지는 도형에서도 비가 유지된다. 따라서 A4 용지의 짧은 변과 긴 변의 길이의 비 '1 : x'는 반으로 접었을 때의 작은 직사각형에서 짧은 변과 긴 변의 길이의 비 '$\frac{x}{2}$: 1' 과 같다.

이것을 비례식으로 나타내면,

$$1 : x = \frac{x}{2} : 1$$

$$x^2 = 2$$

$$x = \pm\sqrt{2}$$

이때 양의 값 $\sqrt{2}$는 A4 용지에 유지되는 비이다.

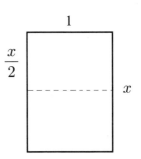

3.2 우리나라의 금강비 $\sqrt{2}$

금강비는 우리나라의 문화재에서 흔히 찾을 수 있다고 한다. 석굴암의 구조나 탑의 기단에서도 볼 수 있고, 한옥의 추녀에서도 찾아볼 수 있다고 한다. 자신이 사는 곳의 문화재를 둘러보고 금강비를 찾아보자.

3. 속삭이는 회랑의 비밀

1) 속삭이는 회랑과 타원

시끄러운 복잡한 장소에서 특정한 지점에 둘이 서 있다면 서로 멀리 떨어져 있더라도 서로의 소리를 들을 수 있는 장소가 있다. 이 회랑은 두 사람이 서로 멀리 떨어져 있어도 서로의 작은 소리를 들을 수 있어서 '속삭이는 회랑(Whispering gallery)'이라고 불린다. 이 신기한 음향공간은 세계의 몇몇 건축에서 찾을 수 있다. 유명한 예로는 뉴욕의 그랜드센트럴 역의 회랑이 있다.

회랑에서는 소란스러운 여러 소리가 섞이고 흩어지면서 보통 속삭이는 소리는 듣기 어렵다. 하지만 이 속삭이는 회랑에서는 두 사람이 특정한 위치에서 속삭인다면, 속삭이는 작은 목소리도 12m나 떨어진 곳이지만 선명하게 들을 수 있다. 심지어 주변가까이에 있는 다른 사람들은 이 두 사람의 소리를 알아듣기도 어려울 것이다. 이런 음향효과는 어떻게 가능한 것일까? 이 음향 효과를 만들어 내려면 양쪽 모퉁이의 특정한 두 지점에서 벽을 보고 이야기해야 한다. 한 쪽 사람이 이야기를 하면 굽어진 벽과 천정에 반사되고 반대편 다른 사람에게 가게 된다. 한쪽 '초점'에서 소리를 내면 반사된 음파가 모두 다른 '초점' 한 곳으로 모이게 되면서 서로 보강 간섭을 일으켜서 소리가 잘 들리게 된다. 타원 모양의 벽에서 두 사람이 두 개의 초점에 각각 서서 이야기할 때 일어나는 현상이다. 타원의 한 초점 밑에서 소곤거리면 다른 초점 밑에서 선명하게 들을 수 있는 것이다.

뉴욕시 그랜드센트럴 역의 '속삭이는 회랑'

타원은 두 점에서 같은 거리에 있는 점들의 자취이다. 이 두 점이 바로 속삭이는 화랑에서 서로 속삭이는 두 사람이 서 있는 곳이다. 아래 그림에서 한 초점(점 F)에서 보낸 소리가 다른 초점(점 F′)에 모두 모이게 되는 것이다.

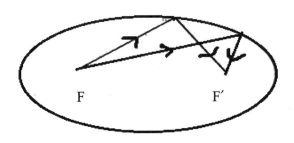

이외에도 속삭이는 회랑과 같은 효과를 보이는 건축으로, 솔트레이크시티에 위치한 모르몬 성막(Mormon Tabernacle)의 거대한 돔이 있다. 의도적으로 타원면과 같은 모양으로 제작되었다고 한다. 지붕이 타원면인 건물은 한 초점에서 발생한 소리가 지붕의 모든 지점에서 반사하여 다른 초점으로 모이게 된다. 한 초점에 설교단을 설치하여 거기에서 바늘 하나를 떨어뜨려도 그 소리가 52m 떨어진 다른 초점에서 또렷하게 들린다고 한다(Bellos, 2016).

속삭이는 회랑의 효과를 나타내는 타원은 간단하게 그릴 수 있다. 타원의 정의에 따라서 그 방법을 찾을 수 있다. 타원은 두 점에서 일정한 길이를 갖는 점들의 자취이다. 두 점에 핀을 꽂고 적당한 길이의 끈을 양쪽 핀에 고정한다. 실을 팽팽하게 잡아당기면서 연필을 회전하면서 그리면 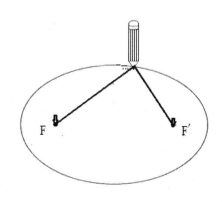 바로 타원이다. 두 점에 꽂은 핀은 타원의 두 초점 점 F, 점 F'이다. 끈의 길이가 타원의 한 점에서 두 초점까지 거리의 합이 된다. 오른쪽 그림의 타원에서 두 점 F, F'을 초점이라고 하고 타원 위의 한 점을 X라고 하면, $\overline{FX} + \overline{F'X}$ 가 항상 일정한 점들이다.

타원은 과학 분야에서 행성의 궤도나 물체의 운동이 그리는 모습으로 널리 알려져 있다. 케플러는 태양계의 행성이 타원 궤도를 돈다는 것을 발견하였고, 갈릴레이는 비스듬히 던져 올린 물체가 포물선을 그린다는 것을 알아냈다. 원자물리학에서는 수소 원자의 전자 궤도가 타원이라고 밝히고 수소 원자를 나타낼 때 타원 궤도를 그려서 표시하기도 한다.

2) 타원과 원뿔곡선

타원을 원뿔곡선이라는 측면에서 다른 원뿔곡선들과 관련지어서 살펴보자. 정육면체를 평면으로 자르면 단면의 모양은 어떻게 될까? 삼각형, 정사각형이 아닌 직사각형, 정사각형이 아닌 마름모, 오각형, 육각형 등이 여러 가지 도형이 생긴다. 원뿔을 평면으로 잘랐을 때에는 어떤 단면은 만들어질까? 놀랍게도 원뿔을 평면으로 잘랐을 때 생기는 단면은 네 가지 도형만 나타다고 원, 타원, 포물선, 쌍곡선이다. 이 네 가지 도형을 원뿔을 평면으로 잘랐을 때 생기는 단면에서 찾은 곡선들이므로 원뿔곡선이라고 부른다.

원뿔곡선에 대한 관심은 기원전 4세기경으로 올라간다. 그 당시 그리스 수학에서는 여러 가지 곡선에 대한 연구가 있었다. 플라톤의 친구였던 유독소스의 제자 메나이크모스는 처음으로 원뿔곡선을 엄밀하게 정의하였고, 직원뿔을 모선에 수직인 평면으로 잘랐을 때의 단면을 생각하였다. 직원뿔의 꼭지각이 예각일 때의 단면에 나타나는 곡선을 타원, 꼭지각이 직각일 때 포물선, 꼭지각이 둔각일 때 쌍곡선이 나타난다고 하였다. 그 후 아폴로니우스는 메나이크모스의 연구를 계승하였다. 이전의 꼭지각이 예각, 직각, 둔각일 때의 세 가지 원뿔을 모선에 수직인 평면으로 자른다는 생각에서 발전하여 꼭지각이 일정한 하나의 원뿔에서 기울기가 다른 평면으로 잘랐을 때의 단면으로 원뿔곡선을 파악하였다. 아폴로니우스는 타원이 주어진 두 초점으로부터 거리의 합이 일정한 점들의 자취이고, 쌍곡선은 주어진 두 초점으로부터 거리의 차가 일정한 점들의 자취라는 것을 발견하였다.

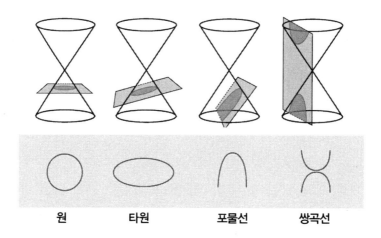

원뿔 곡선
(그림 출처: 두산백과 두피디아 http://www.doopedia.co.kr)

- 원: 밑면에 평행한 평면으로 잘랐을 때 단면
- 타원: 평면을 기울여서 모선에 평행하기 전까지 잘랐을 때 단면
- 포물선: 모선에 평행한 평면으로 잘랐을 때 단면
- 쌍곡선: 포물선 보다 기울기가 더 큰 평면으로 잘랐을 때 단면

원뿔곡선은 수학적 흥미로 연구되었지만 17세기에 이르기까지 거의 2000년간 큰 관심을 끌지는 못하였다. 17세기에는 해석기하학이 발전하면서 새로운 사실들이 밝혀지고 과학이나 실생활에서 이용되기 시작하였다. 원뿔곡선에 대한 연구에도 해석기하학을 이용되면서, 원뿔곡선도 방정식으로 나타낼 수 있게 되었다. 방정식으로 나타낼 수 있다는 것은 식을 이용하여 원뿔과 관련된 이동과 변환을 계산을 할 수 있다는 것을 말한다. 원뿔곡선은 방정식으로 표현하면 2차식이 되기 때문에 이차곡선이라고도 부른다. 동일한 곡선에 대하여 서로 다른 관점에서 지칭하는 것이라고 할 수 있다. 즉, 기하의 측면에서 '원뿔곡선'이라고 한다면, 대수의 측면에서 '이차곡선'이라고 부른다.

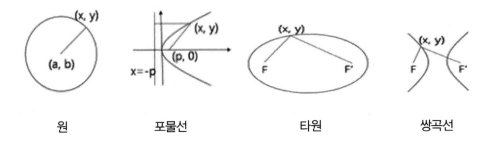

| 원 | 포물선 | 타원 | 쌍곡선 |

원은 한 점에서 같은 거리에 있는 점들의 자취이다. 위 그림의 원은 점 (a, b)를 원의 중심하고, 원 위의 모든 점과 원점과의 거리는 반지름의 길이로 일정하다. 포물선은 초점과 준선에 이르는 거리가 같은 점들의 집합이다. 위 그림의 포물선을 보면, 포물선 상의 점과 초점 (p, 0)사이의 거리는 그 점과 준선 $x=-p$와의 거리가 같다. 타원은 두 초점으로부터 거리의 합이 일정한 점들의 자취이다. 위 그림의 타원에서 두 점 F, F′이 초점이고 타원 위의 한 점을 X라고 하면, 이 두 초점으로부터 타원까지의 거리의 합이 일정하다. 즉, $\overline{FX}+\overline{F'X}$ 가 항상 일정한 점들이다. 쌍곡선은 두 초점으로부터 거리의 차가 일정한 점들의 집합이다. 위 그림의 쌍곡선에서 두 점 F, F′이 초점이고 쌍곡선 위의 한 점을 X라고 하면, 이 두 초점으로부터 쌍곡선까지 거리의 차가 일정하다. 즉, $|\overline{FX}-\overline{F'X}|$ 가 항상 일정한 점들이다.

포물선과 포물면은 평행한 방향으로 들어오는 파동을 한 점으로 즉, 초점으로 모이게 한다. 파동이나 신호를 한 점으로 모아서 증폭시키는 효과를 낼 수 있다. 포물면 마이크로폰은 자연의 소리를 녹음하거나 조용한 대화를 포착할 수 있다. 위성방송 수신용 안테나는 전파도 포물면 안테나 안쪽 벽에 부딪

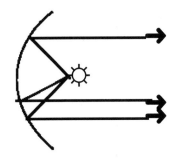

쳐 초점으로 모이게 하는 것으로, 초점 위치에 수신기를 설치한다. 포물면에 부딪쳐 초점에서 모아지면 생생한 화질과 선명한 음질을 즐길 수 있게 된다.

반면에 이 성질을 역이용하면 초점에서 나온 불빛이 포물면에 반사되어 모두 축에 평행하게 나아가게 된다. 예를 들면, 자동차 헤트라이트, 손전등의 반사경, 무대공연의 스포트라이트 등이 있다.

생각해 보기

3.3 타원 당구대

타원 모양의 당구대에서 당구를 친다고 상상해 보자. 당구공의 포켓은 타원의 한 초점에 있다. 공을 칠 때마다 언제든지 포켓에 공을 넣고 싶다면, 어떻게 하면 될지 이야기해 보자.

참고 문헌

Bellos, Alex(저), 전대호(역)(2016). **수학이 좋아지는 수학**. 해나무.

Livio, Mario(저), 권민(역)(2011). **황금 비율의 진실**. 공존.

Strogatz, Steven(저), 이충호(역)(2012). x의 즐거움. 웅진 지식하우스.

문화 재정 창덕궁 가이드북 (문화 재청 창덕궁 홈페이지 http://www.cdg.go.kr)

4장
수학과 음악하다

'증명'의 정의는 매우 잘 되어 있지. 하지만 이것은 마치 교향곡을 '다양한 음색과 음량을 가진 연속적인 악보이며, 처음 악보에서 시작해서 마지막에 끝나는 것'이라고 정의하는 것과 같다.

무언가 빠지지 않았는가?

······ (중략) ······

우리가 증명을 교과서적으로 생각한다면 모든 증명은 같은 배경을 가지고 있지. 마치 모든 음악이 악보에 그려지듯 말이야. 자네가 음악가라서 악보만 보고도 머릿속으로 음을 떠올릴 수 있다면 다르겠지만 보통 사람 눈에는 악보가 똑같아 보이지. 하지만 우리가 증명을 이야기로 생각한다면 좋은 것도 나쁜 것도 있고, 재미있거나 지루한 것도 있을 테지. 좋은 이야기는 아름다움을 가지고 있지.

— Ian Stewart(2008), p.112

4장. 수학과 음악하다

수학과 음악이라는 두 분야가 보여주는 느낌은 멀리 있는 분야처럼 보인다. 수학은 논리와 냉철함을 상징하고 음악은 감성과 온유함으로 대비되는 듯하다. 하지만 수학과 음악의 관계를 살펴보면 서로 대비적이라기보다 서로의 느낌을 공유하면서 서로를 밝혀준다는 것을 읽을 수 있다. 수학에는 음악적인 리듬으로 가득 차 있고 음악에 있는 수학적인 화성이 넘쳐흐른다. 음악 이론은 종종 수학으로 해설되어 왔고 심지어 최근의 작곡은 수학으로 만들어내기도 한다. 수론과 음악이론의 시작을 보면 동시에 등장하는 피타고라스라는 이름이 있다. 이 장에서는 수학의 평균 개념에서 피타고라스의 음계와 이를 보완한 평균율을 살펴보고, 음악 작곡이나 악기에서 나타나는 수학들을 찾아보기로 한다.

1. 피타고라스의 음계

1) 피타고라스 학파와 음악

피타고라스(기원전 582년경 ~ 기원전 497년경)는 그리스 철학자이며 수학자로서 수학의 역사를 말할 때에나 음악의 역사를 말할 때 흔히 등장하는 이름이다. 피타고라스는 일종의 학파를 이루어서 제자들을 철학자와 정치가로 키운 것으로 알려져 왔으며 '만물의 근원은 수'라는 생각으로 거의 종교와도 같이 그들의 사상을 지키고자 하였다. 음악 이론의 측면에서 피타고라스를 본다면 음악 이론을 수로 정립한 음향학자라고도 볼 수 있다. 음의 높낮이를 수로 인식하고 화음을 수학적 관계로 설명한다. 즉, 현이 내는 음의 높낮이를 현의 길이의 비, 진동수의 비로 생각하고 있다.

피타고라스학파는 조화로운 음악은 수로 표현될 수 있다고 보고 화음에서 정수비와의 관계를 발견하였다. 진동수의 비가 한 옥타브인 완전8도는 1:2이고, 완전5도는 2:3이고, 완전4도는 3:4라는 것을 찾았다. 이 발견에서 네 개의 정수 1, 2, 3, 4가 있다. '테트라크티스(tetraktys)'는 그리스어 '테트라(tetra)'의 '넷'을 뜻한다. '테트라크티스(tetraktys)'는 삼각형 모양으로 배열한 것으로 삼각수라고 불리는 배열에서 각 줄 1개, 2개, 3개, 4개로 나타낸다. 1, 2, 3, 4의 합은 10이고 피타고라스학파는 10을 신성한 수로 여겼다. 테트라크티스는 불, 공기, 물, 흙의 네 상태가 밀도가 높아지는 단계를 말하기도 하고, 각 차원에 존재하는 점의 수로서 점, 선, 면, 입체로 말하기도 한다. 열 개의 단순한 점으로 이루어진 삼각형을 통하여 수학적 원형을 탐구하고자 하였다.

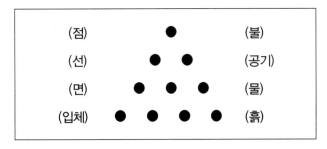

테트라크티스(tetraktys)

두 음 사이의 관계를 평균 개념을 중심으로 살펴본다면, 산술평균, 조화평균, 기하평균 등의 평균 개념과 연결 지을 수 있다. 산술평균(arithmetic mean)은 주어진 수의 합을 수의 개수로 나눈 값이고, 조화평균(harmonic mean)은 주어진 수의 역수들의 산술평균을 다시 역수한 값이다. 기하평균(geometric mean)은 주어진 수들의 곱에 대하여 수의 개수로 제곱근을 구한 값이다. 먼저 산술평균과 조화평균을 중심으로 살펴보자.

임의의 두 수를 a, b에 대하여 다음과 같이 나타낼 수 있다.

$$\text{두 수 a, b의 산술평균은 } \frac{a+b}{2}$$

$$\text{두 수 a, b의 조화평균은 } \frac{2}{\frac{1}{a}+\frac{1}{b}} = \frac{2ab}{a+b}$$

$$\text{두 수 a, b의 기하평균은 } \sqrt{ab}$$

$$\text{a} \leq \text{b 이면, } a \leq \frac{2ab}{a+b} \leq \frac{a+b}{2} \leq b$$

여기에서 얻어지는 수열 a, $\frac{2ab}{a+b}$, $\frac{a+b}{2}$, b을 음악수열이라고 부른다. 예를 들면, 1과 2의 조화평균 $\frac{4}{3}$는 완전4도를 뜻하고, 1과 2의 산술평균 $\frac{3}{2}$은 완전5도를 뜻하게 된다. 1, $\frac{4}{3}$, $\frac{3}{2}$, 2는 음악수열이다. 조화평균 $\frac{4}{3}$은 완전 4도를 말하고, 산술평균 $\frac{3}{2}$은 완전 5도를 뜻하며, 산술평균와 조화평균의 곱 $\frac{4}{3} \times \frac{3}{2} = 2$ 완전8도를 뜻한다. 6, 8, 9, 12 네 개의 수로

피타고라스 학파의 음높이 실험
(사진 출처: 위키백과
https://www.wikipedia.org)

얻어지는 비에 대해서도 마찬가지로 성립한다.

2) 피타고라스 음계

피타고라스와 관련하여 전해오는 이야기가 있다. 어느 날 대장간 옆을 지나가던 피타고라스는 대장장이가 망치를 모루에 내려칠 때 나는 소리에서 아름다운 화음을 느끼고 자세하게 들어보았더니 내리치는 망치에 따라 소리에 차이가 나는 것을 알게 되었다고 한다. 망치의 무게 비율이 2대 1인 경우에는 한 옥타브, 무게 비가 3대 2인 경우에는 완전5도 차이가 났고 4대 3인 경우에는 완전4도 차이가 났다. 피타고라스는 이를 토대로 음정을 조율하는 피타고라스 조율법을 만들었다고 전해진다(Askew, 2012, p.57).

피타고라스의 음계는 현의 길이의 비 즉, 진동수의 비에 따라서 화음을 만드는 체계를 구성하고 있다. 진동수의 비를 살펴보면, 한 옥타브는 1대 2, 완전5도는 2대 3, 완전4도는 3대 4 이다. 6, 8, 9, 12에 대해서도 한 옥타브는 6대 12 즉 1대 2이고, 완전5도는 6대 8 즉, 2대 3이다. 완전4도는 6대 9 즉 2대 3이다.

현의 길이가 팽팽해질수록 높은 음을 나타내는데 두 음의 화음을 현의 길이의 비와 관련지을 수 있다. 기준 1인 현의 길이를 $\frac{1}{2}$ 하면 기준이 되는 음과 완전8도인 음이 되고, 기준 1인 현의 길이를 $\frac{2}{3}$ 하면 기준이 되는 음과 완전5도인 음이 된다. 오른쪽 그림은 현의 길

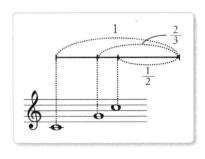

음 높이와 현의 길이

이를 중심으로 이 관계를 나타낸 것이다. 음C4(도)을 기준 1이라고 할 때, 현의 길이를 $\frac{1}{2}$ 하면 한 옥타브 높은 음C5(높은 도)이 된다. 또한 현의 길이를 $\frac{2}{3}$ 로 한다면, 완전5도가 높은 음G4(솔)이 된다는 것을 나타낸다.

그러나 피타고라스 음계의 원리에 따르면, 한 옥타브에 있는 음계 사이의 비가 계속 유지되지 않는 문제가 발생한다. 건반 악기에서 한 옥타브는 음 C, C#, D, D#, E, F, F#, G, G#, A, A#, B로 12개이고 미파와 시도 사이를 반음을 추가하였다. 하지만 한 옥타브를 12개의 음으로 분리하여 음계를 구성하더라도 해결되지 않는 문제가 발생한다.

예를 들어, 완전5도 관계의 비 $\frac{2}{3}$와 한 옥타브 위의 음인 완전8도 관계의 비 $\frac{1}{2}$은 반복되었을 때 일치하지 않는 문제를 살펴보자. C4와 완전8도인 음은 C5이고, 다시 C5와 완전8도인 음은 C6이다. 다시 C6와 완전8도인 음은 C7이다. 완전8도인 관계를 7회 반복한다면 C11이 된다. 또 한편 C4와 완전5도인 음은 G4이고, 다시 G4와 완전5도인 음은 D5이다. 다시 D5와 완전5도인 음은 A5이다. 완전5도인 관계를 12회 반복한다면 B#10이 된다. 건반에서 C11과 B#10은 같은 위치를 말한다. 이 관계를 아래의 수식으로 나타낼 수 있다.

$$\left(\frac{1}{2}\right)^7 = \left(\frac{2}{3}\right)^{12}$$

하지만, $\left(\frac{1}{2}\right)^7 \times \left(\frac{3}{2}\right)^{12} = \frac{3^{12}}{2^{19}} \neq 1$ 이고, 위 등식은 성립하지 않는다. 피타고라스의 음계는 유리수 범위에서 정수비로 이루어진 것으로, 이때의 두 수의 비 2^{19}인 524288과 3^{12}인 531441로 나타낼 수 있고, 이를 '피타고라스의 콤마(Pythagorean comma)'라고 부른다. 두 수의 비가 정확히 1이 나오지 않으므로 위의 등식은 성립할 수는 없지만 이 두 수의 비는 거의 1에 가까운 값을 취하고 있다. 피타고라스 음계의 결함은 유리수 범위에서 정수비로 두 음 사이의 관계를 설정하고 있는 데에서 기인한다. 이 문제의 대안으로서 무리수를 사용하는 평균율이 등장하게 된다.

4.1 현의 길이

피타고라스 음계에서 기준이 되는 음의 현의 길이를 1이라고 하자. 현의 길이를 $\frac{1}{2}$ 하면 기준이 되는 음과 완전8도인 음이 된다. 현의 길이를 $\frac{2}{3}$ 하면 기준이 되는 음과 완전5도인 음이 된다. 음C4의 현의 길이를 1이라고 했을 때, 피타고라스 음계의 원리에 의하여 음C4, D4, E4, F4, G4, A4, B4, C5 (도, 레, 미, 파, 솔, 라, 시, 도)가 되는 현의 길이를 비를 이용하여 구해 보자.

2. 바흐와 평균율

1) 바흐의 평균율

바흐(J.S. Bach, 1685~1750)는 '음악의 아버지'라고 불리고 있으며, 바로크시대의 후반기 걸작을 남기면서 근대음악이 탄생할 수 있도록 기여했음을 나타낸다. 그의 음악은 완전하고 강건한 음악으로 평가받고 있으며, 프로테스탄트 교회의 독실한 신자로 종교적 신앙과 애국심을 음악으로 표현하고 있다. 평균율의 시대를 알리는 작품으로 바흐의 <평균율 클라비어곡집>이 대표적으로 언급된다. 피아노 음악에서 바흐가 작곡한 <평균율 클라비어곡집>은 구약성서에 비유되고 베토벤의 <피아노 소나타> 32곡은 신약성서로 비유될 정도로 이 작품들은 뛰어난 예술적인 가치를 역사적으로 인정받고 있다. 바흐의 <클라비어곡집>에서 클라비어(Klavier)는 독일어로 오르간을 제외한 건반악기를 총칭한다. 제1권과 제2권으로 각 24곡씩 총 48곡으로 구성된다. 모든 장조와 단조인 각 24개를 사용하고 있다. 당시에는 리듬적 특징이 있는 두 곡을 연주하는 풍습이 있었는데, 바흐는 각각을 '전주곡과 푸가'로 구성하였다.

피타고라스의 음계는 '순정률'로서 정수비로 만들어지는 몇몇 음정은 정확하지만, 상대적으로 다른 음들은 무시하게 되는 조율이다. 예를 들어, 완전5도를 어울리게 하면 3도가 흩어지는 화음사이의 상충을 해결되지 않는다. 일부 음정을 순수하게 만들려는 '순정률'에 대하여, 모든 반음들을 동일한 간격으로 조율하려는 '평균율'의 개념이 도입되기 시작한다. 피아노와 같은 건반 악기는 음높이가 정해진 상태에서 연주하므로 무엇보다 조율이 중요하다. 일부 음정을 순수하게 만드는 것을 포기하고 모든 반음을 동일하게 조율한다는 것은 그 당시 혁신적인 것이었다. 그때까지 음계를 만드는 원칙이었던 순정률이 일부 음정을 순수하게 유지하는 데에 초점을 두고 다른 음정은 간과하고 있다면, 반면에 모든 반음을 기하평균으로 일정하게 조정하여 평균율로 조율하는 것은 순정률과 비교할 때 오히려 한 옥타브의 완전8도를 제외하고 다른 음정은 모두 엉터리로 만든다고 할 수도 있다. 평균율로 조율된 음정은 순정율의 완전5도보다 미세하지만 좁은 완전5도를 만들고 순정율의 장3도보다 넓은 장3도를 만들게 된다.

그러나 이러한 평균율의 문제점에도 불구하고 평균율이 새로운 조율법으로 확산되었고 지금까지 여전히 사용되고 있다. 평균율의 장점은 '전조'와 '이조'가 자유로워지면서 음악에 자유로운 가능성을 열어놓았다는 것이다. '전조'는 곡의 중간에 조성을 변경하는 것으로, 주제 선율을 다양하게 변화할 수 있다. 순정률은 으뜸음에 따라서 음정 사이의 거리가 달라서 전조가 많이 등장하는 음악에서 연주의 어려움을 겪게 된다. 반면에 평균율은 여러 조성으로 전조가 자유롭다. 또한 '이조'는 조를 옮긴다는 것으로, 흔히 노래를 부를 때 음역이 맞지 않는다면 음의 중심을 이동할 때를 생각해보자. '솔'에서 시작하는 노래를 낮추어서 '파'로 시작하는 노래로 만들 때 모든 음이 서로 동일한 음정을 유지하여야 같은 노래가 된다. 평균율은 이조를 해도 동일한 음정 관계를 유지하는 장점이 있으며 음악가에게 놀라운 가능성을 준다. 평균율의 이러한 전조와 이조의 장점으로 장조와 단조를 자유롭게 넘나들 수 있게 된다. 바흐의 <평균율 크라비어 곡집>은 평균율의 장점을 활용하여 다장조에서 시작하여 장조와 단조 각각 24개 모두를 사용한다.

평균율은 한 옥타브의 완전8도를 제외하면 모두 엉터리 음정이라고 할지 모르지만 지금까지도 다른 조율법을 사용하지 않고 거의 400여년을 이어서 지금도 널리 사용하고 있다. 게다가 놀랍게도 이제 우리의 귀는 순정률에서 보면 엉터리 음정이라고 할 수 있는 순수하지 못한 음정에 익숙해져서, 오히려 순정률에 의한 장3도를 들었을 때 잘못된 음정이라고 느끼기도 한다.

2) 평균율

평균율은 수학적으로는 기하평균의 개념으로 해설할 수 있다. 평균율은 한 옥타브에 있는 음 12개의 현의 길이를 기하평균 ($\sqrt[12]{2}$)으로 나타낼 수 있다. 1과 2 사이를 기하평균으로 나누면 그 중간의 11개의 점들은 $\sqrt[12]{2}, (\sqrt[12]{2})^2, (\sqrt[12]{2})^3, (\sqrt[12]{2})^4, \cdots,$ $(\sqrt[12]{2})^{11}$이 되고, '$(\sqrt[12]{2})^{12}=2$'가 된다. 예를 들면, C4를 기준 1로 하여 C5의 현의 길이가 $\frac{1}{2}$일 때, 그 사이의 각 음을 기하평균으로 고르게 나누는 것이다. 각 음에 해당하는 현의 길이는 무리수 $\sqrt[12]{2}$를 이용하여 아래와 같이 표현할 수 있다.

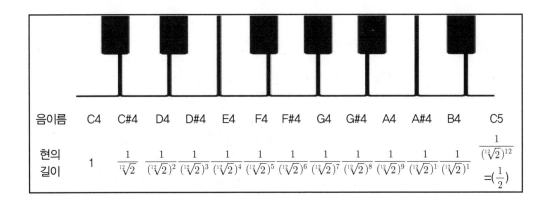

음이름	C4	C#4	D4	D#4	E4	F4	F#4	G4	G#4	A4	A#4	B4	C5
현의 길이	1	$\frac{1}{\sqrt[12]{2}}$	$\frac{1}{(\sqrt[12]{2})^2}$	$\frac{1}{(\sqrt[12]{2})^3}$	$\frac{1}{(\sqrt[12]{2})^4}$	$\frac{1}{(\sqrt[12]{2})^5}$	$\frac{1}{(\sqrt[12]{2})^6}$	$\frac{1}{(\sqrt[12]{2})^7}$	$\frac{1}{(\sqrt[12]{2})^8}$	$\frac{1}{(\sqrt[12]{2})^9}$	$\frac{1}{(\sqrt[12]{2})^1}$	$\frac{1}{(\sqrt[12]{2})^1}$	$\frac{1}{(\sqrt[12]{2})^{12}}=(\frac{1}{2})$

알렉산더 엘리스(Alexander Ellis)는 영국의 수학자이고 음향학자로서, 1870년경에 음률에 센트(cent)의 개념을 도입하였다. 음정의 단위를 진동수의 정수비에서 일정한 간격의 대수적인 수로 새로운 측도를 만든 것이었다. 로그함수는 두 수의 곱을 로그를 취하여 합으로 바꾸어 줄 수 있으므로, 음정의 비례 관계를 로그 형식으로 바꾸어

곱을 합으로 편리하게 다룰 수 있다. 옥타브를 1200센트로 하고, 반음을 100센트로 온음을 200센트로 놓는다. log2의 값을 1200센트로 하여 로그함수를 이용한 것이다. 평균율은 기하평균을 이용하고 있어서 음의 센트를 이용하면 음정의 비교에서 편리하고 전조와 이조도 수월하다.

각 센트는 로그함수를 이용하여 아래와 같이 정의한다.

기준이 되는 C4의 진동수를 1이라고 하면, 어떤 음의 진동수가 α일 때 그 음의 센트는

$$1200 \times \log_2 \alpha$$

예를 들어, C4보다 완전4도 높은 F4의 센트를 구해보자. 반음과 온음을 모두 고려하면 F4는 C에서 시작하여 C#, D, D#, E, F로 다섯번째 음이다. 따라서 F4의 진동수 $\alpha = (\sqrt[12]{2})^5$ 이다. 센트를 구하는 공식에 넣으면 F4의 센트는 아래와 같다.

$$1200 \times \log_2 (\sqrt[12]{2})^5 = 1200 \times \frac{5}{12} \times \log_2 2 = 500$$

음이름	C4	C#4	D4	D#4	E4	F4	F#4	G4	G#4	A4	A#4	B4	C5
센 트	0	100	200	300	400	500	600	700	800	900	1000	1100	1200

피타고라스 음계에 의하면 D4 음의 진동수 비율이 $\frac{9}{8}$로 204센트이고, F4 음의 진동수 비율은 $\frac{4}{3}$이고 498센트, G4 음의 진동수 비율은 $\frac{3}{2}$이고 702센트이다. 평균율에 의한 D4, F4, G4의 센트와 비교해 본다면, 200과 204, 500과 498, 700과 702로서 두 음의 차이는 매우 작다. 인간의 청력으로 구별할 수 있는 최소 음정이 6센트 정도라고 알려져 있으므로, 이 차이는 청각적으로 거의 구별되지 않는다. 피타고라스 음계에 의한 센트와 평균율에 의한 센트를 비교하면 인간의 청각으로는 거의 구별하여 인식되지 않음에도 불구하고, 평균율이 등장한 것은 피타고라스 음계에서 보인 '피타

고라스 콤마'의 문제를 찾을 수 있다. 피타고라스 음계에 의하면 C#, D#, F#, G#, A#과 같은 음들은 정확히 규정하는데 어려움이 있다. 한 옥타브의 12음 모두를 정확하게 규정할 수 있는 음계로서 평균율을 활용하고 있다.

> **생각해 보기**
>
> ### 4.2 순정율과 평균율
>
> 피타고라스의 음계는 '순정률'로서 정수비로 만들어지는 몇몇 음정을 정확히 하지만, 상대적으로 다른 음들은 무시하게 되는 조율이다. 반면에 평균율은 한 옥타브에 있는 12개의 음을 기하평균으로 할당한다. 수학의 '평균'의 관점에서 두 조율법을 비교해 보자.

3. 음악에 나타나는 피보나치 수열

1) 피보나치 수열

피보나치 수열은 5세기경 인도 수학자 핑갈라가 쓴 책에 언급되어 있고, 13세기경 이탈리아 수학자 피보나치(Leonardo Fibonacci, 1170-1250)의 책 <산반서>에 기록되어 있다. '피보나치 수열'이라는 이름은 19세기경 '보나치의 아들(Filius Bonacci)인 피사의 레오나르도가 정리한 산반서'라는 기록에서 그를 피보나치로 줄여서 불렀고, 이 책에 나온 토끼 쌍의 수를 묻는 문제에서 나타나는 수열을 '피보나치 수열'이라고 부른다. 이 문제는 토끼가 몇 쌍이 될지 구하는 것이다. "한 사람이 우리 안에 한 쌍의 토끼를 두었다. 새끼 토끼 한 쌍은 한 달 뒤에 어른 토끼로 성숙해진다. 성숙한 토끼 한 쌍은 한 달 뒤에 새끼 토끼 한 쌍을 낳는다. 1년이 지나면 우리 안에 토끼는 몇 쌍이 되겠는가?"

이 토끼가 새끼를 낳는 규칙은 흥미롭다.

(i) 첫 달에 태어난 새끼 토끼 한 쌍에서 시작한다.

(ii) 한 달이 지나면 토끼 한 쌍은 성숙해져서 어른 토끼가 된다.

(iii) 한 달이 지나면 어른 토끼 한 쌍은 새끼 토끼 한 쌍을 낳는다.

(iv) 어른 토끼가 되면 계속하여 한 달마다 새끼 토끼를 한 쌍씩 낳는다.

이 문제에서 매월 토끼의 쌍은 어떻게 변해 가는지 구해보자. 첫 달에는 새끼 토끼한 쌍이 있고, 둘째 달에는 어른 토끼 한 쌍이 된다. 셋째 달이 되면 어른 토끼 한쌍이 새끼 토끼 한 쌍을 낳게 되어 2쌍이 된다. 넷째 달에는 어른 토끼 한 쌍은 새끼토끼 한 쌍을 낳고 이 전 달의 새끼 토끼는 어른 토끼가 되어 모두 3쌍이 된다. 몇쌍이 되는지 수열로 나타내면 다음과 같은 수열이 된다.

$$1, \ 1, \ 2, \ 3, \ 5, \ 8, \ 13, \ 21, \ 24, \ 55, \ 89, \ 144, \ \cdots$$

첫 달	1	(F_1)
둘째 달	1	(F_2)
셋째 달	2	(F_3)
넷째 달	3	(F_4)
다섯째 달	5	(F_5)
여섯째 달	8	(F_6)
일곱째 달	13	(F_7)

이 수열이 바로 '피보나치 수열'이고, 이 수열에 있는 수들을 '피보나치 수'라고 한다. 이 수열에서 나타나는 규칙으로는 이전 두 항의 합이 다음 항이 된다. 피보나치 수열의 관계를 n번째 피보나치 수로 나타낸다면,

$$F_n = F_{n-1} + F_{n-2}$$

피보나치 수열에서 여러 가지 흥미로운 규칙들을 찾을 수 있다. 예를 들어, 몇 가지 규칙을 찾아보자. 먼저 피보나치 수열의 합에서 나타나는 규칙을 생각해 보자. 첫째 항부터 n항까지 피보나치 수열의 합을 피보나치 수로 나타내어 보자.

항 n	1	2	3	4	5	6	7	8	9	10
피보나치 수 Fn	1	1	2	3	5	8	13	21	34	55

1항까지 합	1	1	2-1	(F_3-1)
2항까지 합	1+1	2	3-1	(F_4-1)
3항까지 합	1+1+2	4	5-1	(F_5-1)
4항까지 합	1+1+2+3	7	8-1	(F_6-1)
5항까지 합	1+1+2+3+5	12	13-1	(F_7-1)
6항까지 합	1+1+2+3+5+8	20	21-1	(F_8-1)
$\vdots$				$\vdots$
n항까지 합	$F_1+F_2+\cdots+F_{n-1}+F_n$		$(F_{n+2}-1)$	

즉, 피보나치 수열의 1항부터 n항까지의 합은 $(n+2)$항의 피보나치 수에서 1을 뺀 것과 같다.

피보나치 수들 사이에서 흥미로운 규칙들을 찾아보자. (처음 1항과 2항은 제외하고) 어떤 항의 피보나치 수를 그보다 2항 앞의 피보나치 수로 나누면 항상 몫은 2가 되고 나머지는 나누는 피보나치 수의 바로 앞의 항의 피보나치 수가 된다.

예를 들면, 9항의 피보나치 수 34를 7항의 피보나치 수 12으로 나누면, 몫은 2이고

나머지는 6항의 피보나치 수 8이 된다.

$$34 \div 13 = 2 \cdots 8$$

다음은 피보나치 수열에서 각 항들 사이의 관계와 그 항의 피보나치 수들 사이의 관계가 서로 유지되는 규칙을 찾아보자. 피보나치 수 두 개를 설정하여 최대공약수(GCD)를 구해보자. 이 수는 그 두 항의 최대공약수를 구하고 다시 그 최대공약수에 해당하는 항의 피보나치 수를 구한 것과 같다.

예를 들어, 피보나치 수 8과 34의 최대공약수를 구하면 2이다. 피보나치 수 8은 6항의 피보나치 수이고 피보나치 수 34는 9항의 피보나치 수이다. 6과 9의 최대공약수는 3이고, 3항의 피보나치 수를 찾으면 2이다.

$$GCD(8, \ 34) \ = \ 2$$
$$GCD(6, \ 9) \ = \ 3$$
$$F_{GCD(6,9)} = F_3 = 2$$

이 규칙을 식으로 나타내면 아래와 같다.

$$GCD(F_m, F_n){=}F_{GCD(m,n)}$$

또한 피보나치 수열에서 인접한 두 항의 비가 황금비의 값으로 수렴한다. 말하자면, 인접한 두 항의 비 $\frac{1}{1}, \frac{2}{1}, \ \frac{3}{2}, \ \frac{5}{3}, \ \frac{8}{5}, \ \frac{13}{8}, \ \frac{21}{13}, \ \cdots, \ \frac{F_n}{F_{n-1}}, \ \frac{F_{n+1}}{F_n}, \ \cdots$ 일 때, n이 충분히 커지면 이 값은 황금비 Φ(약 1.618)로 수렴한다.

$$\lim_{n \to \infty} \frac{F_{n+1}}{F_n} = \Phi$$

이 밖에도 피보나치 수열은 수학적으로 흥미로운 규칙을 찾을 수 있을 뿐만 아니라 자연의 곳곳이나 사회 현상에서 발견된다. 꽃잎의 배열, 해바라기 씨앗의 나선, 솔방울의 나선 등과 같은 식물에서 나타나기도 하고 동물의 개체 수에서도 찾아볼 수 있다. 피보나치 수는 여러 다른 분야에서도 흥밋거리 중의 하나이고, 음악과 관련된 악기와 작곡에서도 피보나치 수열을 찾을 수 있다.

생각해 보기

4.3 파스칼 삼각형과 피보나치 수열

'파스칼 삼각형'은 윗줄의 두 수 합이 바로 아래 줄 두 수 사이에 있는 수를 결정한다. 이 삼각형 모양의 수 배열은 좌우 대칭이고, 멋진 수열들을 찾을 수 있다. '파스칼 삼각형'에서 피보나치 수열도 찾을 수 있다. 아래 파스칼 삼각형에서 어떻게 찾을 수 있는지 표시해 보자.

```
              1
            1   1
          1   2   1
        1   3   3   1
      1   4   6   4   1
    1   5  10  10   5   1
  1   6  15  20  15   6   1
1   7  21  35  35  21   7   1
```

2) 음악에서 피보나치 수열

여러 악기 중에서 피보나치 수열을 두드러지게 찾을 수 있는 것은 피아노이다. 피아노의 건반은 흰 건반과 검은 건반의 대조적인 구성으로 한 옥타브 C4에서 시작하여 C5까지를 살펴보자. 검은 건반 2개와 3개가 있고, 한 옥타브는 흰 건반 8개의 음으로 구성된다. 검은 건반과 흰 건반의 구성에서 피보나치 수열을 찾을 수 있다. 한 옥타브의 건반의 수를 살펴보면 피보나치 수로 구성된다. 2와 3의 합 5, 5와 8의 합 13이 있다.

$$2,\ 3,\ 5,\ 8,\ 13,\ \cdots$$

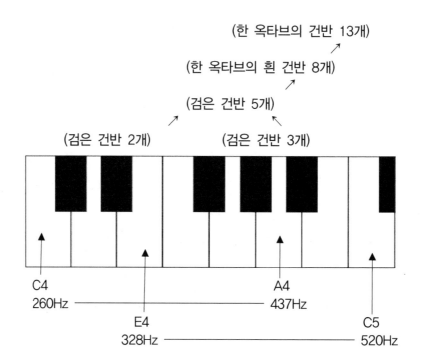

여러 음정 중에서도 장6도와 단6도는 가장 듣기 좋은 음정이라고 한다. 위의 피아노 건반에서 C4(도)와 A4(라)는 장6도 관계에 있고, E4(미)와 C5(도)는 단6도 관계에 있다. C4(도)와 A4(라) 두 음의 주파수의 비를 구하면 약 $\frac{5}{3}$이고, 피보나치 수 3과 5의 비의 값이다. 또한 E4(미)와 C5(도) 두 음의 주파수의 비를 구하면 약 $\frac{8}{5}$이고, 피보나치 수 5와 8의 비로 표현할 수 있다.

$$\frac{437}{260} \fallingdotseq 1.68 \fallingdotseq \frac{5}{3}$$

$$\frac{520}{328} \fallingdotseq 1.6 = \frac{8}{5}$$

에밀 나우만(Emil Naumann, 1827~1822)은 유명한 작곡가들의 작품을 황금비로 분석한 음악가로서, 1869년 그의 책 <문화 속에서의 예술적인 음>에서 '아름다움은 대칭과 비례의 성격과 밀접하게 관련되어 있고, 이 성격을 통하여만 시각예술과 청각예술을 설명할 수 있다.'는 이론을 제시하였다(김성숙, 2004). 피보나치 수열의 연속한 두 항의 비는 황금비에 수렴하는 성질을 갖는다. 피보나치 수열과 황금비는 바흐(J. S. Bach, 1685~1750), 헨델(G. F. Handel, 1685~1759), 모차르트(W. A. Mozart, 1756~1791), 쇼팽(F.Chopin, 1810~1849) 등의 유명한 작곡가들의 음악에서도 찾을 수 있다. 피보나치 수열이 잘 나타나는 헨델의 '메시아' 중 <할렐루야>와 쇼팽의 <전주곡 1번>을 살펴보자.

바흐가 음악의 아버지라고 불린다면 헨델은 음악의 어머니로 불린다. 둘은 나이가 동갑이었고 근대음악의 탄생에 크게 기여했다는 점에서 붙여진 호칭이다. 바흐의 음악은 종교적 신앙을 음악에 담으면서 완전하고 건실하다고 평가받는다. 반면에 헨델은 유럽 각지를 다니면서 음악을 습득하였고 그의 음악은 외향적이고 대중적이라고 할 수 있으며, 전 유럽의 음악을 대중적으로 담아서 품어낸 듯하다고 한다. 바흐와 헨델은 동시대를 살면서 비슷하지만 또 한편 서로 다른 색깔로서 아버지와 어머니라는 칭호에 어울리는 걸작을 남기고 있다. 헨델의 '메시아'는 3부 47곡으로 이루어졌는데 이 중에서 2부의 마지막곡인 <할렐루야>가 유명하다. 1742년 런던 초연 당시 영국의 왕 조지 2세가 할렐루야의 코러스 부분에서 감격하여 기립했다는 이야기가 전해지고 있으며 오늘날에도 그 부분에서 전원이 기립하는 관습이 있다.

<할렐루야>는 합창곡으로서 94마디로 이루어져 있다. 이 곡에서 중요한 요소가 등장하는 부분을 찾아본다면, 57번째 마디에서 트럼펫 솔로 연주가 등장하는 '왕들의 왕'이 나타난다. 이곳은 전체 94마디 중에서 $\frac{8}{13}$에 해당한다. 처음부터 57번째 마디까지 중에서 34번째 마디는 테마의 도입부가 시작되는 중요한 곳이다. 이곳도 57번째 마디까지 중 $\frac{8}{13}$에 해당한다. 79번째 마디에서는 다시 트럼펫 솔로가 등장하는 중요

한 부분인데, 이곳은 57번째 마디에서 마지막 94마디까지 부분에서 $\frac{8}{13}$에 해당한다. 8과 13은 피보나치 수열에서 여섯 번째와 일곱 번째 항의 수로서 두 수의 비는 황금비에 가까운 값을 갖는다(마덕운 외, 2008).

쇼팽은 피아노라는 악기로 마치 아름다운 시를 쓴 것과 같다고 하여 '피아노의 시인'이라고 불린다. 쇼팽의 전주곡 중 1번에서 피보나치 수에 해당하는 마디를 찾아보자. 이 곡은 34마디로 이루어진 곡이다. 8번째 마디에서 이 곡에서 최저음이 발생하고, 13번째 마디가 되면서 화성적인 측면에서 최초의 반음계적 변화가 처음으로 나타나며, 21번째 마디에서는 최고음과 절정이 형성되고, 34번째 마디에서 곡이 마무리된다(마덕운 외, 2008). 피보나치 수열의 여섯 번째 ~ 여덟 번째 피보나치 수에 해당하는 마디에서 결정점이 나타난다.

쇼팽의 '전주곡' 중 1번에서 피보나치 수에 해당하는 마디

헨델과 쇼팽이 의도적으로 피보나치 수열이나 황금비를 이용하여 작곡을 했다고 할 수는 없겠지만 위대한 음악에서 수학적 요소들을 찾을 수 있다. 한편 헝가리의 작곡가이며 피아니스트인 바르톡(B. Bartok, 1881~1945)은 형식적인 통일성을 이루는데 수학적인 요소를 이용하고자 하였다. 그는 코다이와 함께 민요를 수집하여 정리한 음악학자이기도 하다.

바르톡이 수학적 요소를 사용한 작품으로는 20세기 최고의 관현악 작품 중의 하나로 손꼽히는 <현, 타악기, 첼리스타를 위한 음악(Music for strings, Percussion and Celesta), 1936>을 들 수 있다. 이 곡의 1악장은 피보나치 수에 해당하는 마디를 찾는

다면 곡의 흐름과 관련지을 수 있다. 1악장은 89마디로 구성되어 있는데, 마치 산을 올라갔다가 내려오듯이 처음에는 pp(피아니시모, 매우 여리게)로 시작하여 점점 강해지면서 55번째 마디에서 ff(포르테시모, 매우 세게)로 절정에 이르다가 다시 pp로 줄어드는 구조이다. 55마디는 pp로 제시부가 21마디까지 진행되고 34마디까지 p가 이어진다. 34마디는 21과 13마디로 나뉜다. 55마디 이후의 34마디도 13과 21마디로 나뉜다(김성숙, 2004).

화음이나 음계를 구성하는 규칙에서 수학의 원리를 찾을 수 있었다. 피타고라스학파는 정수비로서 현의 길이의 비를 해설하였고, 유리수로서 음악을 표현하고자 하였다. 이후 무리수가 널리 사용되면서 무리수 개념을 도입한 평균율이 음계를 표현하였다. 최근에는 수학적인 요소를 활용하여 음악 활동을 하기도 하고 음악을 수학적으로 해석하기도 한다. 수학과 음악은 공간적이고 추상적이며 리듬을 표현하는 깊은 관련을 갖고 있다. 수학은 과학이나 기술의 발전뿐만이 아니라 예술의 발전과도 함께 하고 있음을 보여준다.

참고 문헌

김성숙(2002). 수학과 음악. **수학사학회지**, 15(2), 1-10.

김성숙(2004). 음악 속의 수학. **자연과학논문집**, 15(1), 93-100.

마덕운, 이병수(2008). **수학과 음악의 상호작용적 관계에 대한 소고**. *East Asian mathematical journal*, 24(5), 477-496.

Askew, M(저), 이영기(역)(2012). **기하학 캠프**. 컬처룩.

Stevens, H.(저), 김경임(역)(2011). **바르토크의 생애와 음악**. 경북대학교출판부.

Stewart, Ian(저), 박영훈(역)(2008). **미래의 수학자에게**. 미래인.

5장
수학으로 암호화하다

수학은 모든 과학의 여왕이고, 정수론은 수학
의 여왕이다.

Mathematics is the queen of the science
and the number theory is the queen of
mathematics

— K. F. Gauss

5장. 수학으로 암호화하다

수학자에게 소수는 오랫동안 큰 관심사였다. 소수는 정수론에서 기본 입자와도 같은 것으로, 곱셈 연산의 관점에서 더 이상 분해되지 않는 기본 구성이라고 할 수 있다. 화학자에게 화학 원소가 있고 물리학자에게 소립자가 있다면 수학자에게는 소수가 있다고 말할 수 있다. 그동안 소수와 관련된 관심사들은 실용과는 멀어 보이는 단지 수학자들만이 누리는 수학적 유희라고 보였다. 하지만 최근에 소수와 컴퓨터가 만나면서 소수를 둘러싼 수학적 원리들은 현대 암호학을 구동하는 기본 원리로 작동하고 있으며 소수는 새로운 계기를 마주하고 있다. 이 장에서 소수의 무한성 및 분포에 관한 이론을 알아보고, 암호 생성과 관련하여 큰 소수 생성 및 일방향 함수를 살펴본다. 덧붙여서 위조와 변조를 방지하기 위하여 일상에서 흔히 볼 수 있는 체크숫자에 대하여 알아보기로 한다.

1. 소수와 암호

1) 소수와 소인수분해

소수는 수를 만드는 기본적인 구성으로서 정수론에서 화학의 원자나 물리학의 소립자와도 같다. 소수는 수학의 곱셈 연산에서 더 이상 분해되지 않는 기본적인 수들이다. 곱셈 연산과 관련하여 정수를 구분해 본다면 1, 소수, 합성수로 나눌 수 있다. 곱셈에 대한 항등원 1 즉, 정수의 어떤 원소와 1을 곱하여도 그 자신이 된다. 소수는 1과 자기 자신만으로 나누어떨어지는 수를 말한다. 2, 3, 5, 7, 11, 13, 17, 19, … 와 같은 수들이다. 예를 들면, 17은 나누어떨어지는 수가 1과 17이외에는 없으므로 소수이다. 9는 1과 9이외에도 3으로 나누어떨어지므로 소수가 아니다.

합성수는 1도 아니고 소수가 아닌 정수들을 말한다. 합성수를 소수의 곱으로 표현하는 방법을 소인수분해라고 한다. 두 수를 곱하는 것은 간단하지만 큰 소수의 곱을 소인수분해하는 것은 거의 불가능하다. 이 간단해 보이는 소수의 성격은 현대 암호이론에서 중요한 토대가 된다. 소인수분해의 예를 들어보자. 150이라는 수를 소인수분해하면, 2, 3, 5라는 수에 의하여 (곱의 순서를 무시한다면) 일의적으로 정해진다. 각 소인수에 대응하는 지수 1, 1, 2도 일의적으로 정해진다.

$$150 = 2 \times 3 \times 5 \times 5 = 2 \times 3 \times 5^2$$

30이하의 합성수를 소인수분해하면 다음과 같이 소인수분해의 일의성에 의하여 (곱의 순서를 무시한다면) 유일하게 존재하고 다른 방법은 없다.

$4 = 2^2$	$12 = 2^2 \times 3$	$21 = 3 \times 7$
$6 = 2 \times 3$	$14 = 2 \times 7$	$22 = 2 \times 11$
$8 = 2^3$	$15 = 3 \times 5$	$24 = 2^3 \times 3$
$9 = 3^2$	$16 = 2^4$	$25 = 5^2$
$10 = 2 \times 5$	$18 = 2 \times 3^2$	$26 = 2 \times 13$
	$20 = 2^2 \times 5$	$27 = 3^3$
		$30 = 2 \times 3 \times 5$

소인수분해에서 (곱의 순서를 무시한다면) 모든 양의 정수를 소수들의 곱으로 표현하는 방법은 유일하게 존재한다. 이러한 '소인수분해의 일의성'은 '산술의 기본 정리 (fundamental theorem of arithmetic)'라고 부르고, 정리하면 아래와 같다.

1보다 큰 정수는 소수의 곱으로 분해할 수 있고, 그 분해의 결과는 (순서를 무시한다면) 오직 한 가지 존재한다.

1은 자기 자신 이외의 약수가 없으므로 소수의 정의에 부합하고 있지만 소수로 취급하지 않는다. 물론 오일러를 비롯하여 과거 몇몇 수학자들은 1을 소수로 취급하기도 하였다. 그러나 현대수학에서 1은 소수로 취급하지 않고 있다. 만약 1을 소수라고 한다면 소인수분해의 일의성이 성립하지 않게 되고 소인수분해의 방법은 무한해진다. 만약 1을 소수라고 하고 150을 소인수분해 해 보자. 아래와 같이 150을 소인수분해하는 방법은 무한해질 것이다.

$$150 = 1 \times 2 \times 3 \times 5^2 = 1^2 \times 2 \times 3 \times 5^2 = \cdots$$

하지만 '소인수분해의 일의성'은 소인수분해의 존재성을 확인해 줄뿐이지 소인수분해를 하는 방법을 알려주는 것은 아니다. 소수를 찾는 방법으로서 고대 그리스 시대의 수학자 에라토스테네스(Eratosthenes, BC274~BC196)가 고안했다고 붙여진 '에라토스테네스의 체'라는 방법이 있다.

에라토스테네스의 방법으로 1부터 100까지의 수에서 소수를 찾는다고 하자. 1부터 100까지의 수를 차례로 배열하고 작은 수부터 소수는 남기고 소수의 배수를 체에 걸러내면서 지워가는 방법이다. 먼저 1은 소수가 아니므로 지운다. 그 다음 2는 소수이므로 남기고 2보다 큰 수에서 2로 나누어떨어지는 수 4, 6, 8, 10, 12, 14, 16 ⋯을 걸러낸다. 아래 그림과 같이 소수 2로 나누어 떨어지는 수를 체에 거르고 나면 2를 제외한 홀수가 남게 된다. 2라는 수는 소수 중에서 유일한 짝수이다. 그 다음 소수 3은 남기고 다시 남아있는 수들 중에서 3으로 나누어떨어지는 수를 걸러낸다. 6, 9, 12, 15, ⋯ 에서 이미 6, 12, ⋯ 은 소수 2의 체에서 걸러졌다. 그 다음 소수 5를 남기고 다시 걸러낸다. 이 방법으로 계속해 가면 1부터 100까지 수에서 소수만 남게 된다.

1	②	③	4	5	6	7	8	9	10
11	12	13	14	15	16	17	18	19	20
21	22	23	24	25	26	27	28	29	30
31	32	33	34	35	36	37	38	39	40
41	42	43	44	45	46	47	48	49	50
51	52	53	54	55	56	57	58	59	60
61	62	63	64	65	66	67	68	69	70
71	72	73	74	75	76	77	78	79	80
81	82	83	84	85	86	87	88	89	90
91	92	93	94	95	96	97	98	99	100

1부터 100까지 수를 에라토스테네스의 체에 걸러보면 남아있는 수는 25개이고, 다음과 같은 소수를 얻게 된다.

2, 3, 5, 7, 11, 13, 17, 19, 23, 29, 31, 37, 41, 43, 47,
53, 59, 61, 67, 71, 73, 79, 83, 89. 97

어떤 수가 소수인지 아닌지는 에라토스테네스 체의 방법을 활용하여 판별할 수 있다. 더 간단하게 산술의 기본정리를 활용하면, 위의 경우 (N=100일 때) $\sqrt{N}$=10 보다 작은 소수를 확인하면 된다.

$N=a \times b$ 라고 하면, 두 수 a, b 가 모두 N의 제곱근보다 크다면 두 수의 곱은 N보다 커지므로 a, b 중 적어도 하나는 N의 제곱근보다 클 수 없다. 따라서 a, b 중 하나는 $\sqrt{N}$보다 작거나 같다. $\sqrt{N}$보다 작거나 같은 수를 a라고 하면, 산술의 기본 정리에 따라서 a는 소수로 나누어떨어져야 한다. 즉, 간단히 말하자면, 합성수 N은 두 수의 곱으로 표현할 수 있고 이 수들은 $\sqrt{N}$보다 작거나 같은 소수로 나누어떨어진다.

예를 들어, 200까지의 소수를 찾는다면, 200의 제곱근은 약 14.14 이고 200의 제곱근보다 작은 소수는 2, 3, 5, 7, 11, 13이다. 200까지의 수 중에서 소수를 찾는다고 할 때, 2, 3, 5, 7, 11, 13의 소수로 나누어서 떨어진다면 그 수들은 합성수이다. 13보다 큰 소수 17, 19, … 등으로 200까지 모두 확인하지 않아도 된다. 하지만 이 방법은 N이 작은 수일 때에만 유용한 것이며 그 수가 몇 천, 몇 만의 자리가 된다면 간단하지 않다.

소수들 사이에 있는 전체적인 분포나 관계는 아직 밝혀지지 않았지만, 소수들 간의 흥미로운 성질로서 쌍둥이 소수(twin prime), 사촌 소수(cousion prime), 섹시 소수(sexy prime) 등이 알려져 있다.

쌍둥이 소수는 p, p+2 꼴로 나타나는 두 소수의 쌍이다. 소수는 2를 제외하면 모두 홀수이고, 다시 그 다음 홀수와 차는 2가 된다. 쌍둥이 소수는 연이은 홀수가 모두 소수인 경우 즉, 두 소수의 차가 2가 되는 소수 쌍을 말한다. 쌍둥이 소수는 지금도 계속 찾아가고 있지만 쌍둥이 소수가 무한히 많은지 아직 알려져 있지 않다.

소수 p (p≥3)이고, p+2 가 소수일 때, (p, p+2)는 쌍둥이 소수라고 한다.

(3, 5), (5, 7), (11, 13), (17, 19), (29, 31), (41, 43), (59, 61), (71, 73), (101, 103), (107, 109), (137, 139), (149, 151), (179, 181), (191, 193), (197, 199), …

사촌 소수(cousin prime)은 두 소수의 차가 4인 소수의 쌍을 말한다. (p, p+4)이다.

(3, 7), (7, 11), (13, 17), (19, 23), (37, 41), (43, 47), (67, 71), (79, 83), (97, 101), (103, 107), (109, 113), (127, 131), (163, 167), (193, 197), …

섹시 소수(sexy prime)는 두 소수의 차가 6이 되는 소수 쌍을 말한다. (p, p+6)이다. 라틴어에서 6을 뜻하는 말에서 따온 이름이다.

(5,11), (7,13), (11,17), (13,19), (17,23), (23,29), (31,37), (37,43), (41,47), (47,53), (53,59), (61,67), (67,73), (73,79), (83,89), (97,103), (101,107), (103,109), (107,113), (131,137), (151,157), (157,163), (167,173), (173,179), (191,197), (193,199), …

이들은 소수들 간의 일정한 차를 갖는 관계에서 소수의 분포에서 나타나는 규칙을 찾고 있다. 소수는 소수의 미스테리라고 불릴 정도로 생각지 못한 곳곳에서 소수가 나타난다. 예를 들면, 매미는 매미로 사는 시기는 겨우 한 달 남짓에 불과하지만 땅속에서 애벌레로 지내는 기간은 매미 종류에 따라서 5, 7, 13, 17년 등 긴 시간을 보낸다. 흥미롭게도 애벌레로 지내는 기간을 소수로 하였을 때 이 소수 주기는 천적과의 기간을 멀게 할 수 있다. 천적의 주기가 어떤 수이든지 매미가 소수 주기로 나타나므로 천적과 만나게 되는 기간을 멀게 만들어 준다. 또한 매미의 소수 주기는 서로 겹치는 주기를 멀게 하여 동종의 매미끼리 경쟁을 피할 수 있다.

소수의 합에 관한 추측으로 골드바흐의 추측이 잘 알려져 있다. 독일의 수학자 골드바흐(C. Goldbach, 1690-1764)가 제기한 추측으로 힐베르트의 문제에 있는 난제이기도 하다. 골드바흐가 오일러에게 보낸 편지에 간단해 보이는 아래의 추측이 있었다고 한다.

　　　'5보다 큰 임의의 자연수는 세 소수의 합으로 나타낼 수 있다.'

오일러(Euler, 1707-1783)는 이 추측을 간단히 아래와 같이 정리하였다.

　　　'2보다 큰 임의의 짝수는 두 소수의 합으로 나타낼 수 있다.'

$$4 = 2+2$$
$$6 = 3+3$$
$$8 = 3+5$$
$$10 = 3+7 = 5+5$$
$$12 = 5+7$$
$$14 = 3+11 = 7+7$$
$$16 = 3+13 = 5+11$$
$$18 = 5+13 = 7+11$$
$$20 = 3+17 = 7+13$$

이 추측은 골드바흐가 제기하고 이후 오일러에 의해 간단히 정리되어 '골드바흐의 추측' 또는 '오일러의 추측'이라고 불린다. 수학에서 추측(conjecture)이란 단지 그럼직한 추론이라는 것만이 아니라 틀린 사례가 하나도 발견되지 않았다는 것을 말한다. 그럼에도 불구하고 아직 증명되지 않았기에 정리나 이론이 아니라 추측이라고 부른다. 골드바흐 추측도 모든 짝수에 대하여 성립하고 성립하지 않는 짝수는 아직 찾지 못하였다. 하지만 골드바흐 추측은 모든 짝수에 대해서 가능한지 증명되지 않았고 미해결 문제이다.

2) 소수의 무한성과 분포

수의 기본적인 구성이라고 할 수 있는 소수는 과연 유한개일까 아니면 무한하게 많을까? 소수를 찾는 사람들에게 흥미로운 질문이다. 이 질문은 이미 기원전 300년경 유클리드 <원론> 9권의 명제 20번에서 소수는 무한하다고 증명이 된 바 있다. 이 오랜 증명을 살펴보자. 유클리드 수를 N이라고 한다면, N은 임의의 소수 p에 대하여 p보다 작은 모든 소수의 곱에 1을 더한 수라고 정의한다.

$$N = (2 \times 3 \times 5 \times 7 \times 11 \times \cdots \times p) + 1$$

이제 임의의 소수 p를 택하여 보자. 이때 유클리드 수 N은 소수일 수도 있고 아닐 수도 있다.

(ⅰ) 만약 N이 소수라면, p보다 큰 소수가 존재한다.

(ⅱ) 만약 N이 소수가 아니라고 하자. N은 2부터 p까지의 모든 소수의 곱에 1을 더한 수이므로, 2부터 p까지 어떤 소수로 나누어도 1이 남게 되므로 p까지의 어떤 소수로도 나누어떨어지지 않는다. N은 소수가 아니라고 가정했으므로, 산술의 기본 정리에 의하여 N은 소수의 곱으로 표현되어야 한다. 즉, N은 소수를 약수로 가져야 한다. N은 p까지의 어떤 소수로도 나누어떨어지지 않으므로 p보다 큰 소수로 나누어야 떨어질 수 있어야 한다. 즉, 임의의 p가 주어졌을 때, p보다 큰 소수가 반드시 존재한다.

그러므로 p가 어떤 소수이든지 이보다 큰 소수가 존재한다. 즉, 소수의 개수는 무한하다.

소수가 무한하다는 것이 증명되었지만 소수를 순서대로 빠짐없이 찾아낼 수 있는 방법을 말해주지는 않는다. 무한한 소수를 찾아낼 수 있는 방법은 아직도 밝혀지지 않았다. 그렇다면 무한한 소수는 어떤 규칙으로 분포되어 있을까? 이 의문은 쉽게 해결될 것처럼 보이기도 한다.

1부터 10까지에서 2, 3, 5, 7이라는 소수 4개가 있다. 1부터 100까지의 수에서 소수 25개를 찾을 수 있었고, 1부터 1000까지의 수에서 소수 168개를 찾을 수 있다. 1부터 10000까지의 수에서 소수는 1229개를 찾을 수 있다고 한다. 가우스(K. F. Gauss, 1777~1855)는 소수의 목록에 관심을 갖고 소수의 분포를 근사적으로 계산하였다. 소수가 특정 간격에서 나타나는 비율을 계산하고 소수의 '밀도(density)'를 정의하였다. 소수의 밀도는 $\pi(n)$을 1부터 n까지 소수의 개수라고 하면,

$$\frac{\pi(n)}{n}$$

소수 정리(prime number theorem, PNT)는 큰 수 n에 대하여 n에 가까운 정수를 무작위로 택하였을 때 그 정수가 소수일 확률은 $\frac{1}{\ln n}$($\ln n$은 자연로그)에 근사한다는 것이다. 소수 정리를 식으로 표현한다면 $\pi(n)$는 1부터 n까지 소수의 개수일 때,

$$\lim_{n \to \infty} \frac{\pi(n)\ln n}{n} = 1$$

$$즉, \ \pi(n) \sim \frac{n}{\ln n}$$

소수 정리에 따라 n이 커질수록 소수가 발생하는 빈도가 줄어든다. 또한 n이 커질수록 실제 소수의 밀도는 이론적 확률과 거의 같아진다.

소수의 분포에 대하여 어떤 규칙으로 어떻게 분포하고 있는지에 대하여 아직도 수수께끼로 남아 있다. 이 수수께끼를 풀어가는 과정에서 소수와 관련된 흥미로운 추측과 이론이 생성되었다. 그 중에도 수학 역사상 최고의 난제로서 밀레니엄 문제 중

하나인 리만 가설이 있다. 리만(B. Riemann, 1826~1866)은 가우스의 제자였는데 리만 제타 함수와 관련된 '리만 가설'을 제기하였다. 리만 제타 함수는 1보다 큰 수 s에 대하여 다음 식으로 나타낸다.

$$\zeta(s) = \sum_{n=1}^{\infty} \frac{1}{n^s} = \frac{1}{1^s} + \frac{1}{2^s} + \frac{1}{3^s} + \cdots$$

오일러는 바젤 문제를 해결하면서 이 제타 함수를 이미 사용한 바 있다. 바젤 문제는 베르누이가 제기하였던 아래의 급수로서 오일러는 바젤 문제가 $\frac{\pi^2}{6}$ 에 수렴한다고 증명하였다.

$$\sum_{n=1}^{\infty} \frac{1}{n^2} = \frac{1}{1^2} + \frac{1}{2^2} + \frac{1}{3^2} + \cdots = \frac{\pi^2}{6}$$

바젤 문제는 자연수로 이루어진 급수에서 원주율 π가 나오는 놀라운 것이며 이 공식 자체로도 오일러의 멋진 방정식이다. 오일러는 이 급수를 제타 함수로 일반화하였고 아래와 같이 소수의 곱으로 표현되는 식으로 정리하였다. 제타 함수를 소수의 무한 곱으로 표현한 이 식을 오일러의 곱(Euler product)이라고도 한다.

$$\zeta(s) = \sum_{n=1}^{\infty} \frac{1}{n^s} = \frac{1}{1^s} + \frac{1}{2^s} + \frac{1}{3^s} + \cdots$$
$$= \left(\frac{1}{1-2^{-s}}\right)\left(\frac{1}{1-3^{-s}}\right)\left(\frac{1}{1-5^{-s}}\right)\left(\frac{1}{1-7^{-s}}\right) \cdots \left(\frac{1}{1-p^{-s}}\right) \cdots$$

리만은 '리만 제타 함수의 0이 되는 값은 모두 일선 상에 있을 것이다.'라는 가설을 세웠다. 리만 제타 함수가 모든 소수의 곱으로 표현될 수 있으므로, 리만 가설이 참이라면 소수의 분포를 보여주는 것이다. 이후로도 많은 수학자들이 리만 가설을 해결하려고 시도하였다. 특히 앨런 튜링(A. Turing, 1912~1954)은 리만 가설이 거짓일 것이라고 가정하고 연구하였다. 일직선에서 벗어난 소수를 찾으려고 했으나 결국 영점에 있는 소수만 찾을 뿐이었다. 튜링은 뛰어난 수학자였지만, 독사과를 먹고 스스로 삶을 마감하였다. 이 후 죤 내쉬(J. Nash, 1928~2015)는 리만 가설을 증명하는 순간 정신분열 현상을 나타낸다. 리만 가설을 해결할 것 같았던 수학자들이 불운을 겪게 되면서 일명 '리만의 저주'라고 불리기도 하였다. 리만 가설은 1900년 세계 수학자 대회에서 힐베르트가 앞으로 20세기에 풀어야 할 23개의 난제들 '힐베르트 문제들(Hilbert's problems)' 중 하나이고, 2004년 클레이 수학연구소가 새로운 밀레니엄 새 천년동안 해결해야 할 문제로 발표하였던 '밀레니엄 문제(The Millenium Prize Problems)' 8문제 중 하나이기도 하다. 리만 가설은 아직까지 미해결과제로 남아있지만 소수에 대한 새로운 지평을 열어 주었다.

생각해 보기

5.1 수학이 추구하는 가치

정수론은 실용적이지 않은 분야로 생각되어왔지만 최근 정보암호학에서 주요한 토대가 되고 있다. 수학의 어떤 분야가 미래에 실용적 가치를 가지게 될지 지금의 우리가 예측하기는 어렵다. 지금의 수학이 추구해야 할 가치는 무엇이라고 생각하는가?

2. 큰 소수의 생성과 공개키 암호

1) 공개키 암호와 일방향함수

암호학(crypography)은 정보를 보호하기 위하여 수학과 언어학의 방법론을 다루는 학문이다. '암호'는 원하는 사람들끼리 메시지를 주고 받기 위하여 약속을 정하여 만든 부호나 신호를 말한다. 다른 사람들에게 메시지가 드러나지 않도록 송신자는 메시지를 감추어 암호문을 만드는 '암호화(encryption)'를 하고 수신자가 암호문에서 감추어진 메시지를 읽어내는 '복호화(decryption)'를 한다. 암호 체계는 암호화와 복호화의 과정에서 송신자와 수신자 이외에 알려지지 않도록 안전한 체계를 만들려고 한다. 허락되지 않는 사람이 중간에 암호문을 가로채어 암호를 풀거나 메시지를 알아내지 못하도록 안전성을 보장하는 것이 중요한 과제이다. 초기에는 외교나 군사적 목적으로 이용되었지만 현대 암호는 컴퓨터와 통신 기술이 발달하면서 전자 상거래, 컴퓨터의 비밀번호, 전자 인증, 전자 서명 등의 일상에서 중요한 분야가 되었고 수학적 특성을 기반으로 안전성을 확보하려고 한다.

암호가 사용되었던 기원을 찾아간다면 고대 이집트에서 찾을 수 있다. 고대 이집트인들은 왕의 무덤에 왕의 일생을 기록할 때 상형문자를 이용하여 왕의 업적을 기록하였고 암호의 시초라고 볼 수 있다. 고대 그리스에서 '스키테일'이라는 나무 봉 모양의 암호 장치를 이용하여 암호를 쓰고 읽었다고 전해진다. 송신자와 수신자 양쪽은 같은 굵기의 나무 봉 스키테일을 각각 가지고 있다. 송신자가 양피지로 만든 띠를 스키테일에 감아서 메시지를 쓰고 메시지를 쓴 양피지를 상대에게 보낸다. 양피지를 받은 수신자는 같은 스키테일에 감으면 받은 메시지를 읽을 수 있게 된다. 스키테일과 같이 문자는 유지하면서 문자의 위치를 바꾸어서 암호문을 만드는 암호를 '전치암호'라고 한다. 반면에 고대 로마의 카티사르가 사용한 것으로 알려진 카이사르 암호는 메시지의 각 문자를 문자 순서에서 세 글자씩 뒤로 하여 암호문을 만든다. 암호문을 수신하였을 때 세 글자씩 앞으로 하면 메시지를 읽을 수 있다. 카이사르 암호와 같이 문자 배열은 유지하고 각 문자를 바꾸어서 암호문을 만드는 암호를 '대체암호'라고 한다. 16세기의 유명한 '비즈네르' 암호도 대체암호 중 하나로 카이사르 암호의 방식을 몇 번에 걸쳐서 적용한 것과 같다. 고전 암호는 기본적인 아이디어는 20세기 초까지 사용되었다.

20세기 초 컴퓨터와 통신이 발전하고 세계 대전이 발발하면서 암호는 급격하게 발전한다. 1세대 고전 암호는 문자 위치를 대치하는 방식으로 이루어졌다면 2세대 암호는 기계 장치와 통신 장비가 동원되면서 암호가 더욱 복잡해진다. 1차 대전 중에 영국은 독일의 케이블을 끊었고 독일은 무선 통신으로 암호문을 보내게 된다. 무선 통신으로 암호를 주고 받는 과정에서 전문적으로 암호를 해독하는 암호전문가가 등장한다. 이때 영국 암호해독반 일명 '40호실'이라고 불리는 독일의 암호문을 해독하게 된다. 이 과정에서 1917년 '치머만 전보'는 유명한 사건이다. 독일 외무장관 치머만이 강력한 군사력을 가진 미국이 참전하는 것을 막기 위하여 멕시코 대통령에게 비밀 전보를 보낸 것이었다. 독일과 멕시코가 동맹을 맺고 일본을 끌어들여서 미국을 공격하자고 제안하고 그 대가로 재정 지원과 미국에 빼앗긴 텍사스, 뉴멕시코, 애리조나를 돌려주겠다는 것이었다. 이 사건으로 미국은 참전 결정을 하게 되었고 미국이 선전 포고한 직후 멕시코는 치머만의 제안을 거부한다.

1차 세계대전이 끝나고 새로운 암호를 만들어내는 기계에 큰 관심을 가졌다. 1923년에 독일에서 등장한 '에니그마(Enigma)'는 상업용으로 정보교환을 목적으로 만들어진 암호생성 기계였다. 2차 세계대전에서 독일군은 에니그마를 적극적으로 활용하였다. 영국은 이 에니그마의 암호를 해독하고자 블레츨리 파크에 암호해독반을 구성하고, 이 암호해독반에 앨런 튜링이 참여하였다. 이 암호해독반은 에니그마가 암호화와 복호화를 둘 다 할 수 있다는 점을 이용하여 에니그마의 암호 해독기 '봄브'를 만들게 된다. 이에 더하여 튜링은 1943년 프로그래밍이 가능한 전자식 컴퓨터 '콜로서스(Colossus)'를 만들었고 독일의 로렌츠 머신의 암호를 해독하였다. 튜링이 참여한 이 암호해독반의 암호 해독으로 2차 세계대전의 기간이 몇 년이나 단축시켰다고 말한다. 영국 정부는 전쟁이 끝나고 콜로서스와 암호해독 연구를 전쟁 기밀로 봉인하고 있었으며 콜로서스의 존재는 1975년이 되어서야 공개한다. 콜로서스는 세계 최초의 컴퓨터로 불리는 에니악보다 2년 전에 만들어졌지만 세계 최초의 컴퓨터라는 명예는 에니악이 갖고 있다.

2세대 암호들은 비밀키 암호 체계로 암호화와 복호화에서 사용하는 잠그는 키와 여는 키가 동일한 대칭키 암호 체제이다. 대칭키 암호 체제는 잠그는 키와 여는 키가 동일하여 단순하지만 암호키를 관리하려면 폐쇄적이어야 한다. 이후 냉전 시대에 미국 워싱턴과 소련 모스크바의 핫라인도 대칭키 암호 체제이다. 이 핫라인은 안전성을 유지하고자 암호키를 일회용으로 사용하고 폐기하기도 했다. 비밀키 암호 체계는 고전 암호를 사용하던 시대 이후로 1970년대까지 계속 사용되어 왔다. 비밀키 암호 체계는 송신자와 수신자가 다른 사람들은 모르게 동일한 암호를 공유해야 한다. 이때 송신자와 수신자가 먼 곳에 있다면 안전하게 암호키를 전달하는 문제가 발생한다. 메시지를 암호화하더라도 암호키를 전달하는 통신 경로에서 다른 사람이 암호키를 가로챈다면 모든 메시지가 해독될 수 있다. 또한 다수가 동시에 메시지를 교환하고자 한다면 이 암호키를 관리하는 것이 어려워진다.

3세대 현대 암호 시대는 공개키 암호라는 비대칭키 암호 체계를 도입하면서 새로운 전기를 맞이한다. 암호 체계는 비밀스럽게 감추어야 한다는 통념에서 벗어나서 과감하게 공개키를 도입한 것이었다. 만약 잠그는 키를 여는 키를 다르게 하여 비대칭적으로 암호 체계를 만든다면 잠그는 키를 공개하여도 다른 사람들은 여는 키가 없으므로 이 암호를 풀 수 없다.

암호를 만드는 키를 공개할 수 있다는 놀라운 발상은 어떻게 가능했던 것일까? 공개키 암호를 처음으로 제안한 것은 1976년 스탠포드 대학의 디피(W. Diffie)와 헬만(M. Hellman)였다. 송신자는 메시지를 보내기 위하여 공개키 목록에서 수신자의 공개키를 찾아서 메시지를 암호화하여 수신자에게 보낸다. 수신자는 두 개의 암호키를 갖는데 암호화하는 잠그는 키는 공개키이고 복호화하는 여는 키는 비밀키이다. 송신자가 공개키로 암호화하여 보낸 암호를 수신자는 자신이 가진 비밀키로 복호화한다. 하지만 디피와 헬펀은 제안한 암호 체계를 현실화하여 구성하지는 못하였다. 실제로 성공한 것은 1978년 MIT의 로널드 리베스트(R. Rivest), 아디 샤미르(A. Shmir), 레오나르도 애들먼(L. Adleman)이었다. 일방향함수를 암호에 도입하여 '공개키 암호(public key encryption)' 체계를 만들고 세 사람 이름의 첫 글자를 따서 'RSA 암호'라고 하였다. 이 공개키 암호 체계가 가능했던 토대에는 거대 소수의 곱은 계산 가능하지만 그 곱을 소인수분해하는 것은 거의 불가능한 일방향함수라는 소수의 특성을 이용한 것이다.

함수 $y = f(x)$에서 x값이 주어지면 함수값 $f(x)$를 계산할 수 있다. 역으로 이 함수 값 y가 주어지면 x를 구하는 함수 $x = f^{-1}(y)$를 역함수라고 한다. 이때 x를 입력하면 함수값 y를 구할 수 있고 마찬가지로 y라는 함수값을 입력하면 x를 구할 수 있는 양방향이 가능한 함수를 '양방향함수'라고 한다. 이와는 달리 '일방향함수(one-way function)'는 x값이 주어지면 함수값 $f(x)$를 쉽게 계산할 수 있지만, 이 함수값 y가 주어져도 x를 계산하는 것은 어려워서 거의 불가능한 함수이다. 함수값을 구하는 방향은 가능하지만 역방향은 시간 내에 계산할 수 없으므로 한쪽 방향만 가능하다고 할 수 있다.

어떤 두 수 55와 10을 곱한다고 하자. 즉시 550라는 수를 구할 수 있다. 이제 수 550을 소인수분해하라고 한다면 아래와 같이 소인수분해할 수 있다. 이때 계산기를 이용할 수 있다고 하자. 2나 5라는 작은 소수로 나누어떨어지므로 계산하는 시간이 오래 걸리지는 않겠지만 55와 10을 곱하는 것 보다는 550을 소인수분해하는 것이 더 오래 걸릴 것이다.

$$550 = 2 \times 5^2 \times 11$$

하지만 550보다 1 큰 수 551을 소인수분해 한다고 보자. 예상보다는 소인수를 찾는데 많은 시도와 계산이 필요하다. 551이라는 수는 2나 5보다 큰 소수 19와 29의 곱으로 이루어진 수이므로 소인수를 찾는 데에 여러 번의 시도가 필요하다.

$$551 = 19 \times 29$$

반면 소수 19와 29를 알고 있다면 곱하는 것은 551을 소인수분해 하는 것보다 훨씬 수월하다. 만약 소수가 매우 큰 경우라면 알고 있는 두 수를 곱하는 것은 가능하지만, 두 소수의 곱에서 두 소수를 찾아 소인수분해 한다는 것은 더욱 어렵고 거의 계산이 불가능하다.

어떤 두 수 a, b의 곱을 M이라고 하면, 두 수 a, b가 주어지면 M을 구하는 것은 수월하고 하지만 역으로 M이 주어졌을 때 소인수 분해하는 것은 곱을 구하는 것보다는 시간이 걸린다.

$$(a,\ b) \rightleftarrows N(a \times b)$$

이때 두 수가 큰 소수 p, q라고 한다면, 두 거대 소수의 곱 N을 계산할 수는 있지만 곱 N에서 두 거대 소수 p와 q를 알아내는 것은 실시간에 계산할 수 없고 거의 불가능하다.

$$(p,\ q) \not\leftrightarrow N(p \times q)$$

이와 같이 거대 소수를 곱하는 한 쪽 방향은 계산이 가능하지만 거대소수의 곱을 소인수분해하는 역의 방향은 계산이 불가능하므로, 거대 소수의 곱과 그 소인수분해는 일방향함수이다. RSA 암호는 거대 소수가 곱하기는 쉽지만 소인수분해는 어렵다는 일방향함수의 성격을 이용하여 비대칭 암호 체계를 구성한 것이다. 이 공개키 암호 체계에서 공개키는 두 소수의 곱 N으로 하고, 비밀키는 두 소수 p, q로 한다.

$$N = p \times q \ (거대소수 \ p,\ q)$$

송신자는 거대 소수 p와 q를 곱하여 공개키 N은 생성하고 모듈러 계산을 추가하여 보낸다. 암호를 풀기 위해서 수신자는 공개키(N)과 비밀키(p, q)를 모두 알고 있다. 거대 소수의 소인수분해는 불가능하기 때문에 비밀키 p, q를 알고 있는 송신자만이 암호를 풀 수 있다. 현재 암호는 거대 소수의 곱 $2^{1024} \times 2^{1024}$(10진법으로 306자리 정도)을 사용하고 있다고 한다.

공개키 암호 체계와 비밀키 암호 체계는 서로 장단점이 있다. 비밀키 암호 체계는 단순한 연산 반복으로 암호화하여 암호화나 복호화 속도가 비교적 빠른 편이므로 큰 데이터를 암호화하는데 적절하다. 하지만 보안성이 약한 편이고 다수가 암호를 사용할 때에는 보완을 유지하기가 더욱 어려워진다. 이에 비하여 공개키 암호 체계는 수학적 계산의 복잡도가 높은 편이어서 비교적 안전하고 전자 서명이나 인증 등 다수가 이용하는 암호 체계에서 유용하다. 하지만 복잡한 수학적 연산으로 암호화 속도는 비밀키 암호 체계와 비교하면 느린 편이다. 각 장단점을 고려하여 필요에 따라서 적합한 암호 체계를 택하여 사용하게 된다.

생각해 보기

5.2 비밀키와 공개키

비밀키 암호 체계는 고전 암호부터 1970년대까지 주로 사용되어 왔던 암호 체계이다. 1970년대 후반에 등장한 공개키 암호 체계는 거대한 소수는 소인수분해가 어렵다는 점을 이용하여 암호 체계에서 안전하게 정보를 보호하는 방법을 찾고 있다. 주변에서 비밀키 암호 체계를 사용하는 예와 공개키 암호 체계를 사용하는 예를 찾아보고 장단점을 비교해 보자.

2) 큰 소수의 생성

큰 소수를 구하는 일반적인 방법은 밝혀지지 않았지만 소수 중에는 특정한 모습으로 표현되는 수들이 있다. 대표적으로 알려진 것이 '메르센 수(Mersenne number)'이다. 16세기 프랑스의 수학자 메르센(M. Mersenne, 1588~1648)의 이름에서 붙여진 것으로, 메르센은 파스칼의 스승이기도 하다. 메르센 수는 $2^n - 1$의 모양을 한 수를 말한다. 2^n은 2를 n번 곱하여 짝수이고 다시 여기에서 1을 뺀 수이므로 메르센 수는 모두 홀수이다. 이 홀수들은 소수일 수도 있고 아닐 수도 있다. 메르센 수 중에서 소수일 때 '메르센 소수(Mersenne prime)'라고 한다.

$$M_2 = 2^2 - 1 = 3 \ (\text{메르센 소수})$$

$$M_3 = 2^3 - 1 = 7 \ (\text{메르센 소수})$$

$$M_4 = 2^4 - 1 = 15 \ (\text{합성수})$$

$$M_5 = 2^5 - 1 = 31 \ (\text{메르센 소수})$$

$n=$ 2, 3, 5, 7, 13, 17, 19, 31, 67 일 때, $M_n = 2^n - 1$은 소수이다. 기대한 것과는 달리 메르센 수는 대부분 소수가 아니고, 메르센 소수가 되는 n에 특별한 규칙을 찾지 못하고 있다. $(2^n - 1)$의 모양을 한 메르센 소수와 관련하여 완전수를 연구하면서 메르센 수는 수학자에게 큰 관심사가 되기도 하였다. 완전수는 진약수의 합이 바로 자신이 되는 수를 말한다. 예를 들면, 6, 28, 496 등은 완전수이다.

$$6 = 1 + 2 + 3$$

$$28 = 1 + 2 + 4 + 7 + 14$$

$$496 = 1 + 2 + 4 + 8 + 16 + 31 + 62 + 124 + 248$$

고대 그리스 피타고라스 학파가 '완전수', '부족수', '과잉수'로 분류하고 흔히 볼 수 없는 완전수를 신성한 수라고 여겼다. 메르센 소수와 완전수를 관련지어서, '소수 p에 대하여 M_p가 메르센 소수이면, $2^{p-1} \times M_p$ 즉, $2^{p-1}(2^p - 1)$은 완전수이다.'임을 알아냈다. 메르센 수를 이용하여 소수가 계속 발견되었으며, 얼마나 빨리 찾을 수 있는지는 컴퓨터의 능력에 달려있다. 최근에도 큰 메르센 소수를 찾아가고 있으며, Great Internet Mersenne Prime Search(GIMPS) (http://www.mersenne.org)에서 계속하여 더 큰 메르센 소수를 찾고 검증하고 있다.

암호를 만드는 기술에서 거대 소수를 이용한 공개키 암호는 탁월하다. 고전적인 컴퓨터는 두 개의 거대 소수를 곱하여 만든 매우 큰 수를 소인수분해하는 것은 거의 불가능하다. 하지만 최근 등장하고 있는 양자 컴퓨터는 효율이 뛰어나서 이 정도의 계산도 가능할 것으로 예측되고 있다. 일부에서는 양자 컴퓨터가 보급되면 이메일이나 웹사이트의 비밀코드들은 무용해 질 것이라고 우려하기도 한다. 해독 불가능한 암호가 과연 존재할 것인가? 암호 생성자와 암호 해독가 사이의 긴장은 계속될 것이지만, 또 한편 새로운 발상으로 암호 체계가 변하게 될 수 있을 것이다. 암호 체계의 변화는 표면적으로 컴퓨터의 기계적인 계산력에 의지하고 있는 듯 보이지만 그 토대에는 암호를 바라보는 발상의 전환과 수학적 이론에 의지하고 있다.

생각해 보기

5.3 소수와 곱하기

두 소수를 곱하는 것은 간단하지만, 두 소수의 곱에서 그 원래의 소수를 구하는 것은 쉽지 않고 큰 소수일 때에는 거의 불가능하다. 큰 소수의 이 성격을 이용하여 암호학에서 활용하고 있다. 소수와 곱하기가 갖는 성격을 이용하는 예를 찾아보자.

3. 체크숫자

1) 바코드의 체크숫자

물건을 사고 팔 때 각 상품에 있는 줄 무늬를 스캔하여 자동적으로 상품의 정보를 읽고 간단하게 처리할 수 있다. 막대(bar) 모양으로 된 부호(code)라는 뜻에서 '바코드(barcode)'라고 한다. 1과 0을 나타내는 검은 색과 흰 색 막대 배열이 십진수를 나타내고 물건의 정보를 제공한다. 스캐너로 바코드에 빛을 보내면 검은 색은 적은 양의 빛을 반사하고 흰 색은 많은 양의 빛을 반사하게 되므로, 반사된 빛을 스캐너에서 검출하여 전기적 신호로 바꾸어 이진수 0과 1로 변환해 준다. 이진수 0과 1은 문자와 숫자로 변환하여 표시해 주면 상품에 대한 정보가 나타나게 된다. 바코드를 이용하면 일일이 물건 값을 입력하지 않고도 간편하게 물건 값을 계산할 수 있다. 상품의 종류, 매출정보, 도서관의 도서 관리 등에서도 사용하고 있다. 정보를 빠르게 취급할 수 있고 일부가 손상되더라도 다른 부분에서 정보를 찾아낼 수 있다는 장점이 있다.

바코드는 1948년 실버와 우드랜드라는 필라델피아에 있는 드렉셀 공과대학의 대학원생이 특허를 낸 것으로 알려져 있다. 이후 국가별 코드를 이용하여 실용화된 것은 1970년대이다. 미국은 1973년에 식료품 바코드 표준으로서 세계상품코드(Universal Product Code, UPC)를 만들었다. 유럽 12개국은 1976년 국제상품코드(European Article Number, EAN)를 도입하게 되었다. 1988년 우리나라도 EAN에서 국가번호 880번을 부여받았고, 한국상품코드(Korean Article Number, KAN) 체계를 확정하고 사용 중이다.

한국상품코드는 표준형 코드 13자리와 단축형 코드 8자리가 있다. 표준형 코드는 첫 부분 3자리는 제조국가, 두 번째 부분 4자리는 제조업체, 세 번째 부분 5자리는 상품명, 마지막 한 자리는 체크숫자이다. 이때 '체크숫자'는 상품에 대한 정보를 잘못 읽는 것을 방지하기 위하여 추가되어 있고, 컴퓨터가 자동적으로 계산해 준다. 체크숫자를 설정하는 방식은 바코드의 13자리 중에서 체크숫자를 제외한 12자리의 수를 연산하고 그 값이 10의 배수가 되도록 체크숫자를 정한다. 홀수 번째 숫자들을 모두 더하고, 짝수 번째 숫자들은 3을 곱하여 더한다. 이 합과 가장 가까운 10의 배수를 만들도록 체크숫자를 설정하는 것이다.

도서의 바코드는 국제표준도서번호(International Standard Book Number, ISBN)와 함께 사용한다. 국제표준도서번호(ISBN)는 10자리로 이루어져 있었는데 국제상품코드(EAN)와 통합되어 13자리를 따르고 있다. 우리나라도 2007년경부터 도서의 바코드는 통합된 13자리를 사용하고 있다. 첫 번째 부분 3자리 접두부, 두 번째 부분 2자리 출판국가, 세 번째 부분 4자리 출판사, 네 번째 부분 3자리 도서번호, 마지막 한 자리는 체크숫자이다. 아래 도서의 바코드에서 체크숫자인 마지막 숫자 0을 살펴보자.

출처: 서울대학교교육연구소(2011) 〈교육학용어사전〉

이 도서의 접두부는 978로 단행본이다. 접두부의 숫자는 단행본일 때 978이고 연속 간행물일 때 979이다. 우리나라 출판국 숫자는 89로 한국에서 발행된 도서이다. 그다음 숫자 7699는 출판사가 갖는 번호이다. 그 다음 세 자리 숫자 015는 출판사에서 출판하는 도서의 일련번호이다. 이제 체크숫자가 계산된 방법을 살펴보자. 체크숫자를 제외하고 12자리 숫자에 대하여 홀수 번째 숫자는 모두 더하고 짝수 번째 숫자는 3을 곱하여 더한다.

$$\underline{9}\,7\,\underline{8}\,\text{-}\,8\,\underline{9}\,\text{-}\,7\,\underline{6}\,9\,\underline{9}\,\text{-}\,0\,\underline{1}\,5\,\text{-}\,0$$

(홀수 번째 합)   (9 + 8 + 9 + 6 + 9 + 1)

(짝수 번째 합) × 3   (7 + 8 + 7 + 9 + 0 + 5) × 3

$$42 + 36 \times 3 = 42 + 108 = 150$$

$$150 + (체크숫자) \Rightarrow (10의\ 배수)$$

(홀수 번째 합)+(짝수 번째 합)×3=150 이므로, 150이 10의 배수가 되도록 하려면 체크숫자는 0이 되어야 한다. 여기에서 각 자리의 숫자에 1과 3을 곱하면 10과 서로소이므로 개별적으로 잘못 입력된 오류를 식별해 준다. 체크숫자는 물건 값이나 도서 정보가 안전하게 계산될 수 있도록 오류를 체크하기 위하여 고안된 숫자이다. 만약

위의 경우에 체크숫자가 0이 아니라 1로 전송이 된다면 오류가 생겼다는 것을 인식하게 해 준다. 하지만 이 체크숫자에서 오류 식별이 완전한 것은 아니다. 0과 5, 1과 6, 2와 7, 3과 8, 4와 9가 서로 바뀌어서 입력되었다면 전체 합이 10의 배수만큼 차이가 나게 되므로 오류가 식별되지 않을 수 있다.

2) 주민등록번호의 체크숫자

우리나라 거주하는 사람들에게 발급하는 주민등록번호에도 체크숫자가 있다. 주민등록번호는 13자리 숫자로 구성되어 있고 앞의 6자리와 뒤쪽 7자리로 되어 있다. 첫 번째 부분 6자리는 생년월일을 나타낸다. 두 번째 부분은 성별 1자리, 지역번호 4자리, 당일 등록 순서 1자리, 마지막 체크숫자이다. 성별구분은 100년마다 교체된다. 1900년대 출생한 경우에는 남자는 1, 여자는 2이다. 1800년대 출생한 경우에는 남자는 9, 여자는 0이다. 최근 2000년대 출생자들은 남자는 3, 여자는 4이다. 만약 같은 날 태어난 쌍둥이 형제가 있다면 지역번호까지 모두 동일하고 끝의 두 자리 수인 등록 순서와 체크숫자만 다를 것이다. 주민등록번호의 체크숫자를 계산하는 방법을 알아보자.

먼저 주민등록번호의 마지막 체크숫자를 제외하고 12자리 숫자에 2, 3, 4, 5, 6, 7, 8, 9, 2, 3, 4, 5를 순서대로 곱하여 합한다. 이 합에 체크숫자를 더했을 때 가장 가까운 11의 배수가 되도록 체크숫자를 설정한다. 체크숫자가 10이 되는 경우에는 0을 사용한다.

예를 들어 주민등록번호 120623-4263422 에서 체크숫자를 살펴보자. 이 주민등록번호를 가진 사람은 두 번째 부분 성별이 4이므로 2000년대에 태어났다. 2012년 6월 23일에 태어난 여자라는 것을 알 수 있다. 지역번호 4자리는 출생등록지에 해당하는 지방자치단체의 번호를 말하고 숫자 26-34는 강원도 지역이다. 그 다음 한 자리 숫자 2는 당일 그 주민센터에서 출생 신고한 순서가 두 번째라는 것을 말한다.

1 2 0 6 2 3 - 4   2 6 3 4   2   2
(출생한 년도 월 일) (성별) (출생지 지역번호) (등록번호) (체크숫자)

$1 \times 2 + 2 \times 3 + 0 \times 4 + 6 \times 5 + 2 \times 6 + 3 \times 7 + 4 \times 8 + 2 \times 9 + 6 \times 2 + 3 \times 3 + 4 \times 4 + 1 \times 5 = 163$

163 + (체크숫자) ⇒ (11의 배수) 165

(체크숫자) = 2

이때에도 체크숫자가 0인 경우에 오류가 식별되지 않을 수 있다. 체크숫자를 만드는 규칙을 정할 때 각 숫자마다 주어진 법과 공약수가 없도록 가중치를 주어야 하고 이때 11과 같이 법이 소수이면 그 수보다 작은 자연수는 그 소수와 모두 서로 소이므로 체크숫자 규칙을 정하기 수월하게 된다.

아직도 소수의 분포는 불규칙하고 수학자들은 소수의 미스테리를 해결하려고 한다. 이 미스테리를 해결하는 과정에서 수학은 새로운 세상을 낳고 있으며 미래에도 또 다른 세상을 만들어 갈 것이다. 지금의 우리는 소수를 이곳저곳에서 만나는 세상에서 살고 있다. 수학을 만들고 또한 수학이 만드는 세상에서 또 다른 일상을 살게 될 것이다.

5.4 배수 판정

큰 수가 어떤 수의 배수인지 아닌지를 간단히 판정할 수 있는 배수 판정법이 아래와 같이 알려져 있다.

2의 배수 판정법: 일의 자리의 수가 2의 배수이다.

3의 배수 판정법: 각 자리의 수의 합이 3의 배수이다.

4의 배수 판정법: 십의 자리 이하의 수가 4의 배수이다.

5의 배수 판정법: 일의 자리의 수가 5의 배수(0 또는 5)이다.

6의 배수 판정법: 2의 배수이면서 동시에 3의 배수이다.

7의 배수 판정법: 일의 자리부터 세 자리씩 구분하여 그 차가 7의 배수이다.

8의 배수 판정법: 백의 자리 이하의 수가 8의 배수이다.

9의 배수 판정법: 각 자리의 수의 합이 9의 배수이다.

2의 배수와 5의 배수는 십의 자리 이상의 수는 모두 2의 배수와 5의 배수이므로 ($2 \times 5 = 10$ 이므로), 일의 자리만 2의 배수인지 5의 배수인지 체크하면 판정할 수 있다. 백의 자리 이상의 수는 4의 배수이므로 ($4 \times 25 = 100$ 이므로), 4의 배수는 끝의 두 자리 수만 4의 배수인지 체크하면 판정할 수 있다. 천의 자리 이상의 수는 8의 배수이므로 ($8 \times 125 = 1000$ 이므로), 끝의 세 자리 수만 8의 배수인지 체크하면 판정할 수 있다.

3의 배수와 9의 배수 판정법이 가능한 원리를 설명해 보자. 또한 7의 배수 판정법이 가능한 원리를 설명해 보자. (7의 배수, 11의 배수, 13의 배수는 $1001 = 7 \times 11 \times 13$을 이용하여 설명할 수 있다.)

참고 문헌

서울대학교 교육연구소(2011). **교육학 용어사전**. 하우동설 출판.

홍성사 외 (2005). **수학과 문화**. 도서출판 성우.

Crilly, T. (2011). Big question: Mathematics. 토니 크릴리(저), 박병철(역)(2013). **수학을 낳은 위대한 질문들**. (주)휴머니스트 출판.

가장 큰 메르센 소수 찾기 홈페이지 Great Internet Mersenne Prime Search (GIMPS) http://www.mersenne.org

6장
수학으로 차원을 말하다

수학의 발전에 대한 이정표가 될 수 있는 것은, 19세기의 Gauss나 Poincare와 같은 수학의 대가들만이 '마음의 눈'에 의지하여 볼 수 있었던 패턴에 관한 연구의 많은 부분을 컴퓨터 그래픽의 도움으로 실제 눈으로 볼 수 있게 된 것이다.

'본다'는 것은 항상 두 가지 다른 의미를 가져왔다. 즉, 눈으로 인식한다는 것과 마음으로 이해한다는 것이다. 오늘날에는 수학자들이 패턴을 보는 새로운 방법을 발견함에 따라 눈과 마음 둘 모두를 수용하는 쪽으로 바뀌고 있다.

— Steen(1990), p. 2

6장. 수학으로 차원을 말하다

어떤 공간과 어떤 시간에서 우리는 살아가고 있는 것일까? 우리가 사는 세계에 대한 의문은 이곳을 사는 우리 모두의 질문일 것이다. 공간을 수학적으로 논의한다면, 공간을 구성하는 축의 개수로 말할 수 있다. 하나의 축으로 구성되는 1차원 직선, 두 개의 축으로 구성되는 2차원 면, 세 개의 축으로 구성되는 3차원 입체를 상상할 수 있다. 이 장에서는 정수 차원을 여행하는 <플랫랜드 이야기>를 소개하고, 차원을 새로운 눈으로 바라보는 프랙탈 기하를 통하여 소수 차원을 소개하기로 한다. 프랙탈 기하의 예들을 살펴보고 소수 차원을 구하여 소수 차원이 의미하는 바를 살펴보기로 한다.

1. 플랫랜드의 차원이야기

1) 2차원 평면도형이 보는 2차원 〈플랫랜드〉

<플랫랜드>는 1884년 처음 세상에 나온 이후 여러 판본으로 출간되고 있다. 이 책은 출간된 지 거의 100여 년이 지났지만 지금의 공간 인식 방법에서도 여전히 통용되고 있다. 과학자 아이작 아시모프는 여러 공간에서 다른 차원을 인식하는 <플랜랜드>의 공간 인식 방법을 극찬한 바 있다. 그 당시 영국 빅토리아 여왕 시대의 사회를 비판하는 책으로 사회계급에 대한 비판 의식을 담고 있다고 알려져 있다. 그러나 차원이라는 측면에서 보아도 깊이 있는 책으로 수학과 과학에서 그 가치를

〈Flatland〉의 초간본 표지

인정받고 있다. 출간된 이후 100여 년이 지난 지금까지도 수학자와 과학자들에게 관심을 받고 있으며 과학소설, 다큐, 영화 등으로 제작되기도 하고 예술 작품에도 플랫랜드의 아이디어를 만날 수 있다.

이 책은 2차원의 시선으로 여러 차원의 공간을 깊이 있게 해설하고 있다. 2차원 공간인 평평한 세상, 플랫랜드에 살고 있는 '정사각형'이 들려주는 이야기이다. 전체적으로 '정사각형'이라는 평면도형이 보는 자신이 사는 플랫랜드 세상과 이 도형이 다른 차원의 세상을 여행하면서 2차원 도형이 다른 차원의 세상을 이야기하는 두 부분으로 구성된다. 1부에서는 '정사각형'이 자신이 사는 2차원 세상을 평면에서 평면도형이 살아가는 방식으로 이야기 해 준다. 2부에서는 '정사각형'이 0차원과 1차원을 가게 되면서 그 곳에 사는 이들에게 2차원이 있다는 것을 알리고자 하지만 받아들이려고 하지 않는다. 또 한편으로 정사각형 자신이 3차원의 '구'를 만나서 3차원을 여행하고 자신이 사는 플랫랜드로 돌아와서 2차원보다 더 높은 차원의 세계가 있다는 것을 알리려고 하지만 역시 2차원 세상의 이들도 3차원을 받아들이려고 하지 않는다.

　먼저 플랫랜드의 '정사각형'이 자신이 사는 세상을 어떻게 그리고 있는지 따라가 보자. 2차원 평면도형의 눈으로 평면을 보는 것은 흥미롭다. 익숙한 3차원 공간을 벗어나 2차원 평면을 기어가는 개미처럼 2차원을 상상해 볼 수 있다. 플랫랜드에서는 평면도형의 모양이 계급을 나타내고, 낮은 계급의 노동자는 이등변삼각형이고, 중간 계급은 정삼각형이다. 전문가나 신사들은 정사각형이나 정오각형이고, 귀족 계급은 정육각형이다. 계급이 높아질수록 변의 수가 많아지고, 성직자는 가장 높은 계급으로 원이다. 반면에 놀랍게도 플랫랜드의 여성은 선분으로 표현된다. 진화의 과정을 따라서 남자 아이들은 아버지보다 변을 하나씩 더 가지게 되고 각 세대는 신분이 한 단계씩 올라간다. 삼각형의 아들은 사각형이 되고, 사각형의 아들은 오각형이 되고, 오각형의 아들은 육각형이 된다. 플랫랜드는 서로 부딪치지 않는 규칙이 정해져 있고 그들이 사는 집모양은 그림과 같은 오각형으로 표현되어 있다.

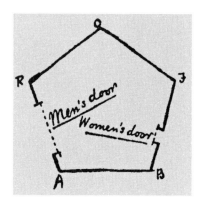

〈플랫랜드이야기〉의 집 모양

　플랫랜드에서는 서로를 바라보면 어떻게 보일까? 3차원 탁자에 있는 동전 하나를 눈높이를 낮추어가면서 상상해 보라고 한다. 위에서 내려다보면 동그란 원으로 보일 것이고 천천히 눈높이를 낮추어 가면서 더 이상 원이 아니라 직선이 된다. 마찬가지로 플랫랜드에 사는 평면도형들은 서로를 모두 직선처럼 보게 될 것이다. 다음 그림은 2차원의 도형들이 서로를 직선처럼 보게 된다는 것을 3차원에 사는 우리가 상상할 수 있도록 도형을 보는 위치를 탁자 위에서 탁자 높이로 낮추어 가면서 보았을 때를 나타내고 있다.

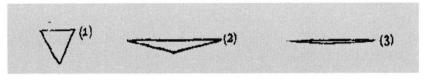

〈플랫랜드이야기〉에서 서로를 바라보기

그렇다면 이 평면도형들이 서로를 직선으로 보게 된다면 어떻게 알아볼 수 있을까? 정사각형은 서로를 인식하는 방법으로 청각, 느낌, 시각이라는 세 가지를 흥미롭게 들려준다. 정삼각형, 사각형, 오각형의 계급에서는 주로 발달된 '청각'을 이용하고, 여성이나 낮은 계급은 주로 '느낌'을 통하여 알아보고, 상류계층이나 따뜻한 지방에서 '시각'을 통하여 알게 된다고 이웃을 구별하는 방법을 이야기 한다. 아래 그림은 플랫 랜드에서 시각으로 인식하는 방법을 해설하고 있다. 모두 플랫랜드에서 모든 이웃은 선분이지만 구별할 수 있는 방법을 보여준다.

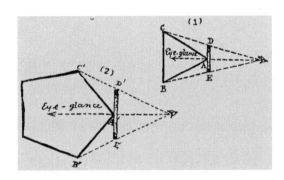

〈플랫랜드이야기〉에서 서로를 인식하는 방법

2) 2차원의 시선으로 다른 차원 보기

<플랜랜드>의 2부는 '정사각형'이 1999년 마지막 날에 꿈을 꾸다가 다른 차원으로 가는 이야기이다. 처음 가게 된 곳은 1차원 라인랜드와 0차원 포인트랜드이다. 2차원 을 살았던 정사각형은 1차원과 0차원에서 사는 이들에게 움직여가면서 더 높은 차원 이 있다고 보여주려고 하지만 그들은 받아들이지 않는다.

정사각형은 꿈에서 깨어 플랫랜드로 돌아와서 3차원 도형 '구'를 만나게 된다. 아래

그림은 3차원 스페이스랜드에서 온 '구'가 정사각형에게 위로 올라가는 장면을 보여준다. 정사각형은 '올라간다'는 것을 볼 수 없었고 단지 작아지다가 사라져버리는 원을 볼 뿐이었다. 정사각형은 자신이 사는 플랫랜드에서 보다 더 높은 차원이 있다는 것을 알리려고 하지만 종신형에 처해진다. 0차원과 1차원의 포인트랜드나 라인랜드에 사는 도형들이 2차원을 받아들이지 않았던 것처럼, 2차원의 도형들이 3차원의 다른 차원을 이해한다는 것은 어렵고도 위험한 것이었다.

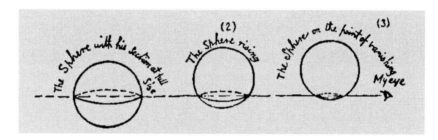

〈플랫랜드이야기〉에서 구가 위로 올라가는 장면

3) 4차원의 초입방체

흔히 이야기되는 4차원은 3차원의 공간에 시간 축을 추가하면서 타임머신을 타고 오가는 소설이나 영화를 본적이 있을 것이다. 수학에서는 공간에서 축을 늘려가는 1차원, 2차원, 3차원의 확장 방식으로 3차원에서 4차원 입체로 확장할 수 있다. 점을 특정 방향으로 이동하면 선분이 되고, 선분을 그 길이만큼 선분과 수직으로 이동하면 정사각형이 되고, 정사각형을 면과 수직으로 이동하면 정육면체를 얻게 된다. 정사각형을 이전에 움직인 모든 방향과 수직으로 이동하면 초입방체가 만들어진다. 수학에서 차원을 확장하는 방식은 축을 늘려가는 것으로 초입방체를 다음 그림과 같이 보일 수 있다.

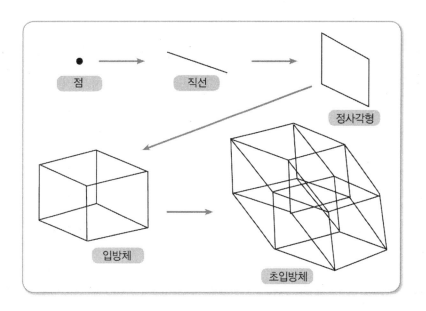

점 → 직선 → 정사각형

입방체 → 초입방체

6.1 기하학과 시각화

기하학은 '공간'을 이해하는 현실적인 '창'이라고 말한다. 수학적 공간은 마음으로 그려지는 상이다. 최근 공학의 도움으로 수학을 시각적인 상으로 그려내면서 수학적 상상의 공간을 넓히고 있다. 수학을 시각적인 상으로 육안을 통하여 보는 것은 수학적 상상에 도움이 되는 것일지 생각해 보자. 도움이 된다면 어떤 도움이 되는지 또는 도움이 되지 않는다면 왜 도움이 되지 않는지 이야기해 보자.

2. 프랙탈 기하와 소수 차원

1) 프랙탈 기하의 등장

지금까지 '기하학'이라고 한다면 흔히 유클리드의 『원론』에서 보여주었던 주제와 관점이 먼저 떠오른다. 유클리드의 기하학 원론은 2000여 년 동안 기하를 대표하는 것으로서 학교수학에서 주로 가르치고 배워왔으며, 기하의 유일한 모습인 듯 다루어져 왔다. 또한 차원을 말할 때에 1차원, 2차원, 3차원, 4차원 등과 같이 정수 차원을 주로 이야기 하였다. 만약 구멍이 숭숭 뚫린 평면이라든가 부서진 선으로 가득 채우는 평면은 몇 차원이라고 말할 수 있을까? 아무리 구멍이 많아도 평면이므로 2차원이라고 해야 할 것인지 또는 선으로 평면을 가득채운다고 하여도 선분으로 이루어졌으므로 1차원이라고 해야할 것인지 답하기 어려워진다. 유클리드 기하로는 매끄러운 선이나 가득 찬 공간은 나타낼 수 있지만 부서지고 거친 공간을 나타내기에는 적절하지 않고, 자연에서 발견되는 복잡한 대상들을 표현하는 데에는 어려움을 갖고 있다. 이제 매끄러운 선이나 평면이 아니라 부서지거나 거친 공간을 이해하는 데 적절한 새로운 기하학이 대두되었다.

　'프랙탈 기하학'이라고 불리우는 새로운 기하학은 매우 최근의 것이다. 만델브로트 (Mandelbrot)가 1975년 『자연의 프랙탈 기하학』이라는 책을 출판하면서 본격화하였다. '프랙탈(fractal)'이라는 말은 부서진다는 뜻을 가진 라틴어 'fractus'에서 고안된 단어이다. 그 이전 19세기에 등장한 프랙탈은 '괴물곡선'이라고 불리기도 하였고, 그 당시 유클리드 기하의 관점에서 본다면 기괴한 도형이었다. 현재 프랙탈은 해안선의 구조, 구름과 산의 모습, 지진의 분포, 고사리 잎의 모습, 은하계의 분포, 달의 분화구, 혈관조직, 뇌조직, 신경조직, 인구동향과 같이 자연, 우주, 인체 등 세상 곳곳에서 쉽게 발견할 수 있으며, 물리학, 생명과학, 화학, 기상학, 의학, 컴퓨터 공학 등 여러 분야에서 프랙탈을 활발하게 논의하고 있다.

2) 프랙탈 기하의 특성

　프랙탈 기하는 20세기 후반에 새롭게 부각된 기하의 세계이다. '프랙탈 기하학'이라는 이름은 최근의 것이지만, 몇몇 프랙탈의 상들이 이미 알려져 왔다. 프랙탈 도형들은 기본 규칙을 무한히 반복했을 때를 말한다. 무한하게 반복했을 때의 도형이 프랙탈 도형이므로, 유한을 살아가는 현실에서 프랙탈 도형을 육안으로 본다는 것은 불가능한 것이다. 그러나 최근 컴퓨터 공학의 발달로 프랙탈 기하의 기본 규칙을 반복하여 빠르게 실행할 수 있게 되었다. 이전의 종이와 연필로 몇 번의 반복 과정을 통하여 볼 수 있었던 몇 단계의 모습에 그치지 않고, 컴퓨터 공학은 수십 번 또는 수백 번 반복하여 실시간에 육안으로 볼 수 있게 해 준다. 무한 반복한 프랙탈의 상은 아닐지라도 수 백번 반복한 상을 통하여 프랙탈을 상상할 수 있게 도와준다. 또한 수학에서 '컴퓨터 공학'의 활용은 프랙탈의 상을 상상하는 것뿐만 아니라 수학하는 방식에도 시사를 준다. 이것은 과학하는 방식에 있어서 '망원경'과 '현미경'의 발명으로 새로운 전기를 마련하고 영향을 주었다면, 수학하는 방식에 있어서도 '컴퓨터 공학'이 적극적으로 도입되면서 새로운 전망과 도전을 제기하고 있다.

프랙탈 기하는 수학적 정의로 표현하기보다는 주로 프랙탈이 갖는 특성으로 논의하고 있다. 프랙탈은 우리의 통념을 깨뜨리는 특징에서 시작할 수 있는데, 주요한 특성으로 '자기유사성', '소수 차원', '초기값 민감성'을 들 수 있다.

첫째로, 프랙탈의 특성으로 자기유사성(self-similarity)을 들 수 있다. 전체와 부분에 대한 기본적인 생각은 부분을 모두 합하면 전체가 된다. 하지만 프랙탈에서는 부분이 모여서 전체가 된다는 우리들의 시각이 주는 자연스러운 생각이나 관점을 깨뜨린다. 심지어 프랙탈은 전체가 그 일부분과 같다는 우리의 통념으로 받아들이기 어려운 이상한 특징을 보여준다. 내 안에 나와 똑같은 내가 내 안에 부분으로 있다거나 부분과 전체가 같을 수 있다는 것은 받아들이기 어려울 수도 있다.

'자기유사성'은 자신의 일부분의 모양이 자기 전체 모양과 닮은 특성이다. 내 안에 전체 나와 똑같은 일부분이 있다. 나뭇가지의 일부는 전체 나뭇가지와 유사하고, 해안선의 일부는 전체 해안선의 모습과 유사하다. 프랙탈은 그 일부를 확대해 보면 다시 전체의 모습이 된다.

둘째로, 프랙탈은 소수 차원(fractal dimension)을 말한다. 프랙탈의 어원 자체가 부서진다는 의미로 분수 'fraction'과 관련지어 본다면 쪼개지고 분할한다는 것을 말한다. 선으로 나타내는 1차원, 평면으로 나타내는 2차원, 입체로 나타내는 3차원 등의 정수 차원이 잘 알려져 있다. 수학에서 차원은 주로 축의 수로 해설하면서 듣게 되는 이야기이다. 유클리드 기하의 차원에서 점은 0차원, 직선은 1차원, 평면은 2차원, 공간은 3차원이다. 만약 구멍이 숭숭 뚫린 스펀지가 있다면, 이런 도형은 입체라서 3차원이라고 할지 구멍이 많이 뚫려서 면들이 연결된 듯한 2차원이라고 해야 할지 답하기 어렵다. 만약 면을 가득 채워가는 선이 있다면, 선분이므로 1차원이라고 해야 할지 아니면 면을 가득 채우고 있어서 2차원이라고 해야 하는지 답하기 어렵다. 또한 만약 종이를 구겨서 공 모양으로 만들어 간다면, 종이이므로 면을 말하는 2차원이라고 해야 할지 아니면 공모양이 되었으니 입체 3차원이라고 해야 할지 답하기 어렵다. 이러한 질문에 대하여 유클리드 기하의 정수 차원으로 답하기 어렵다.

이제 프랙탈 기하는 1차원, 2차원, 3차원 등의 정수 차원이 아니라 소수 차원을 말한다. 구멍 뚫린 스펀지는 구멍이 뚫린 정도에 따라서 2.4차원, 2.5차원, 2.8차원 등과 같이 '소수 차원'이라는 새로운 특성을 말한다. 면을 가득 채우는 선은 선이 채워진 정도에 따라 1과 2사이의 소수로 1.3차원, 1.8차원 심지어는 2차원이라고 말한다. 공모양으로 구겨진 종이는 구겨진 정도에 따라 2와 3사이의 소수로 2.7차원, 2.9차원 등으로 나타낸다.

인공물에서 매끄러운 선들을 주로 찾을 수 있다면, 오히려 자연물에는 매끄러운 선보다는 대체로 거칠고 부서진 선들이 나타난다. 거칠고 부서진 도형을 매끄러운 선을 다루는 방식으로 변경하지 않고 그 거칠고 부서진 정도를 다루는 기하학이라고 할 수 있다. 프랙탈의 소수 차원은 부서진 정도, 불규칙의 정도, 공간을 채우는 정도를 나타낼 수 있는 측도이다.

셋째로, 프랙탈의 특성으로 초기값 민감성(Sensitive dependence on initial conditions)을 들 수 있다. 프랙탈이 과학, 인문학, 철학 등 다른 분야에서도 관심을 갖게 된 것은 카오스 현상과의 관련된다. '나비 효과'로 널리 알려진 카오스 현상은 기하적으로 프랙탈과 깊은 관련을 갖는다. 물리적인 현상들은 기하학이 펼치는 공간론과 밀접하게 관련된다. 데카르트 공간에서 뉴튼의 역학이 해설되고, 비유클리드 공간에서 아인슈타인의 상대성이론이 해설되는 것과 관련지을 수 있다면, 프랙탈 기하는 카오스 현상을 해설하는 공간이기도 한다. 프랙탈의 '초기값 민감성'은 초기값의 미세하게 작은 차이가 전혀 다른 세계로 가게 하는 특성이다. 나비의 작은 날개짓이 지구 반대편에서 토네이도를 일으키게 하는 것은 단순한 우연이 아니라, 초기값의 작은 차이로 인하여 전혀 다른 계로 이동하는 프랙탈의 특성으로 말한다.

이 특성은 1961년 MIT의 기상학자인 로렌쯔(Lorenz)가 발견한 것으로, 기상조건을 입력하여 기후를 예측하기 위해 계산하는 과정에서 나타났다. 로렌쯔는 소수 여섯째 자리까지 입력을 하여 계산을 하였고, 이후 인쇄 분량을 줄이려고 소수 넷째자리까지 입력하여 출력하였다. 소수점 아래의 미세한 차이가 기상 예측 결과를 바꾸어 놓을 정도로 의미가 있지는 않을 것이라고 예상했으나 놀랍게도 소수 여섯째자리를 입력한 처음과는 전혀 다른 결과를 보여주었다. 이 현상은 로렌쯔가 쓴 논문 제목에서 '나비 효과'라는 이름이 붙여졌다. 우리에게 흔히 회자되는 북경에서 나비가 날개짓을 하면 지구 반대편의 멕시코만에서는 토네이도를 일어난다는 카오스 현상을 일컫는다. 프랙탈은 초기값의 미세한 차이가 완전히 다른 상을 만들어 내거나 예상치 못한 다른 계로 가는 특성이 있다. 인간의 삶을 예측하지 못하는 것들은 프랙탈의 '초기값 민감성'과 많이 닮아 있다.

생각해 보기

6.2 공간을 채우는 정도와 소수 차원

프랙탈은 부서진 선이나 구멍난 공간을 말해주는 기하학이다. 프랙탈의 소수 차원은 그 도형이 공간을 메우는 정도를 말해준다. 프랙탈 기하의 공간을 메우는 정도를 상상해 보고, 소수 차원과 비교해 보자.

3. 소수 차원 구하기

이 절에서는 먼저 소수 차원을 구하는 방법을 살펴보고, '칸토르 집합', '코흐 곡선', '시어핀스키 삼각형', '시어핀스키 사각형' 등과 같이 수학자의 이름이 붙여진 프랙탈의 소수 차원을 구해보기로 한다. 이들은 구성해 가는 규칙은 간단하지만 규칙을 반복해 가면서 생성되는 모습은 놀랍고도 아름답다. 프랙탈 구성을 통하여 프랙탈의 개념을 이해하고 소수 차원이라는 아이디어를 통하여 차원의 개념을 확장해 보기로 한다.

1) 소수 차원 구하는 방법

프랙탈은 복잡한 형태의 도형을 수학적으로 다룬다. 프랙탈의 소수 차원을 구하는 방법으로 잘 알려져 있는 것으로 '자기유사성 차원', '상자 차원' 등이 있다. 자기유사성 차원은 전체와 그 전체와 닮은 부분에서 축척과 부분의 개수를 이용하여 구하는 방법이다. 전체적으로 프랙탈의 구성 규칙이 일정하게 유지되는 프랙탈 도형에 대하여 적용할 수 있지만 소수 차원 계산은 간단하다. 상자 차원은 픽셀의 크기를 달리하면서 부서진 프랙탈이 차지하는 정도를 구하는 방법이다. 대부분의 프랙탈 도형에 대하여 적용할 수 있지만 여러 종류의 픽셀에 따라 각각의 개수를 구하는 번거로움이 있다. 여기에서는 '자기유사성 차원'을 구하는 방법을 알아보고, 잘 알려져 있는 프랙탈 도형에 대하여 자기유사성 차원으로 소수 차원을 구해보기로 한다.

'자기유사성 차원'은 배율과 작은 도형의 수로 아래와 같이 정의한다.

N을 확대한 도형에 들어있는 작은 도형의 수, S를 배율, D를 차원이라고 할 때,

$$S^D = N$$

이때, 차원 D를 '자기유사성 차원'이라고 한다.

예를 들어, 아래와 같이 0단계 선분에서 시작하여 선분의 삼등분점에서 가운데에

정사각형 모양으로 늘려가는 만드는 규칙으로 생성되는 도형을 생각해 보자. 1단계는 가운데 선분을 정사각형 모양으로 늘려서 생성된다. 0단계와 비교하면 각 부분은 1단계와 닮은 선분이 5개 생성되었고, 그 길이는 3배하면 0단계 선분의 길이와 같다. 다시 1단계의 5개의 선분 각각에 같은 규칙을 적용하면 2단계와 같이 된다. 이 규칙을 무한히 반복했을 때 만들어지는 도형이 프랙탈이다. 이제 이 프랙탈의 자기유사성 차원을 구해보자. 0단계와 1단계를 중심으로 전체와 부분의 관계를 살펴본다면, 0단계와 닮은 도형이 1단계에서 개수가 5개이고, 0단계는 1단계 닮음 도형과 비교하면 길이가 3배이므로 배율은 3이다. 다른 두 단계에서 닮은 작은 부분의 개수와 배율을 구한다고 하여도 마찬가지일 것이다.

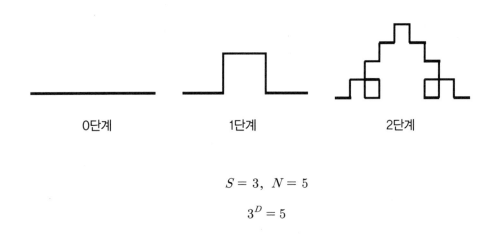

0단계   1단계   2단계

$$S = 3, \ N = 5$$
$$3^D = 5$$

양쪽에 로그를 취하여 로그계산을 하고, 상용로그 값을 찾아서 차원 D를 구하면,

$$D = \frac{\log 5}{\log 3} ≒ 1.46$$

이 도형의 소수 차원은 1.46차원이다. 이 프랙탈은 선분에서 시작하지만 이 규칙으로 공간을 메워서 선분 1차원보다 1.46정도 공간을 더 메우고 있다는 것을 말한다. 평면 2차원과 비교한다면 평면을 가득 채우지는 않지만 평면의 거의 절반정도의 공간을 채우는 도형이라는 것을 알 수 있다.

이제 자기유사성 차원을 통하여 차원을 구하는 방법으로 유클리드 기하의 정수 차원과 관련지어서 살펴보자. 유클리드 기하의 선분, 평면, 입체의 차원은 1차원, 2차원, 3차원이다. 이 도형들의 자기유사성 차원으로 구한다면 차원은 어떤 값을 갖게 될지 비교해 보자.

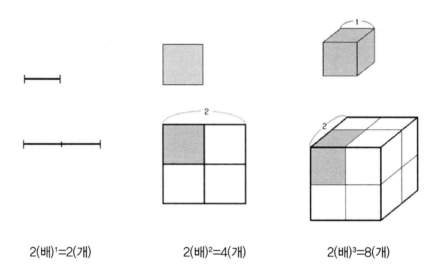

$$2(\text{배})^1 = 2(\text{개}) \qquad 2(\text{배})^2 = 4(\text{개}) \qquad 2(\text{배})^3 = 8(\text{개})$$

선분, 정사각형, 정육면체에서 자기유사성 차원

선분은 닮은 작은 선분을 2배하여 구할 수 있고, 작은 선분의 개수는 2개이므로, 자기유사성 차원의 식에서 $2^D = 2$이다. 차원 D는 1이고, 선분의 차원은 1차원이다. 정사각형은 닮은 작은 정사각형의 한 변의 길이를 가로와 세로 각각 2배하면, 작은 정사각형의 개수는 4개가 된다. 자기유사성 차원의 식에서 $2^D = 4$이고, 차원 D는 2이다. 정사각형의 자기유사성 차원은 2차원이다. 정육면체에서는 닮은 작은 정육면체의 각 모서리를 2배하면, 작은 정육면체의 개수는 8개가 된다. 자기유사성 차원의 식에서 $2^D = 8$이고, 차원 D는 3이다. 정육면체의 자기유사성 차원은 3차원이라고 할 수 있다. 흥미롭게도 유클리드 기하의 정수 차원에서 1, 2, 3차원이 프랙탈 기하의 자기유사성 차원에서도 여전히 1, 2, 3차원이다.

2) 칸토어집합의 소수 차원 구하기

칸토어집합(Cantor Set)은 마치 먼지와 같아서 '칸토어 먼지'라고 불리는 프랙탈이다. 칸토어집합의 구성 규칙은 아래 그림과 같이 선분에서 시작하여 가운데 $\frac{1}{3}$을 제거하는 것이다.

칸토어집합의 6단계 구성

0단계 선분에서 구성 규칙에 따라 1단계를 실행해 보자. 0단계 선분에서 가운데 $\frac{1}{3}$을 제거하면, 1단계는 0단계 선분에서 가운데는 비워지고 양쪽에 0단계 선분의 $\frac{1}{3}$인 작은 선분 2개가 남는다. 다음 2단계는 1단계에서 남겨진 두 개의 선분 각각에 규칙을 실행한다. 1단계 두 개의 선분 각각의 가운데 $\frac{1}{3}$을 제거한다. 2단계는 1단계의 $\frac{1}{3}$인 작은 선분 2개가 각각 남는다. 무한히 계속하여 만들어진 도형이 칸토어집합이다. 선분에서 시작하여 가운데 $\frac{1}{3}$을 제거하는 규칙을 무한히 한다면 어떤 도형이 될까? 칸토어집합은 처음 시작했던 선분은 사라지고 먼지만 자욱하다.

칸토어집합의 자기유사성 차원을 구해 본다면, 임의의 주어진 단계에서 선분 하나의 길이는 그 다음 단계에서 작은 닮음 선분의 3배이고, 작은 닮음 선분은 2개이다.

$$S = 3, \ N = 2$$
$$S^D = N \text{ 이므로}, \ 3^D = 2$$
$$D \times \log 3 = \log 2$$

$$D = \frac{\log 2}{\log 3} \fallingdotseq 0.63$$

$$(\log 2 \fallingdotseq 0.3010, \ \log 3 \fallingdotseq 0.4771)$$

칸토어집합의 소수 차원은 0.63차원으로, 선분 1차원과 비교한다면 먼지처럼 비워진 공간을 말해준다. 0단계의 시작하는 선분이 1이라면 칸토어집합이 차지하는 공간의 정도는 0.63 정도라고 말할 수 있다.

하지만 칸토어집합의 길이를 구하면 놀라운 값을 얻게 된다. 즉, 칸토어집합은 0단계 선분 1에서 시작하여 각 단계는 이전 단계의 $\frac{2}{3}$씩을 남기는 규칙이다. 이 규칙을 무한히 반복하여 무한대로 갈 때의 값을 구하면 0이 된다. 앞에서 구했던 칸토어집합의 소수 차원은 0.63이고 각 단계마다 $\frac{2}{3}$씩을 남겼음에도 불구하고 그 길이는 0이다.

$$\frac{1}{3} \times 2, \ \frac{1}{3^2} \times 2^2, \ \frac{1}{3^3} \times 2^3, \ \cdots, \ \frac{1}{3^n} \times 2^n, \ \cdots$$

$$\lim_{n \to \infty} \left(\frac{2}{3} \right)^n = 0$$

한편, 칸토어 집합을 만드는 과정에서 제거되는 부분들은 각 단계마다 $\frac{1}{3}$씩 제거되므로 아래와 같은 등비수열로 표현할 수 있다. 이 수열은 초항이 $\frac{1}{3}$이고, 공비는 $\frac{2}{3}$인 등비수열이다. 이 수열의 합은 무한등비급수의 합이 공식을 이용하여 그 값은 1이다.

$$\frac{1}{3}, \ \frac{2}{9}, \ \frac{4}{27}, \ \cdots$$

$$\frac{1}{3} + \frac{2}{9} + \frac{4}{27} + \cdots = \frac{\frac{1}{3}}{1 - \frac{2}{3}} = 1$$

선분 1에서 시작하여 계속 $\frac{2}{3}$씩을 남기면서 제거했음에도 불구하고 제거된 길이는 처음 시작 1과 마찬가지로 길이는 1이다. 흥미롭게도 칸토어집합은 처음 선분의 길이 1에서 시작하여 남아있는 부분을 말하는데 그 길이는 0이고, 반면에 제거된 부분의 길이가 1이라는 값을 갖는다.

3) 코흐곡선의 소수 차원 구하기

코흐곡선(Koch curve)은 일정한 길이에서 시작하여 구성 규칙을 계속해 가면 길이가 무한대가 되는 괴물같이 이상한 곡선이다. 1904년 스웨덴 수학자 코흐의 논문에서 처음 등장하면서 코흐곡선이라는 이름이 붙여졌다. 코흐곡선의 구성 규칙은 0단계 선분에서 시작하여 가운데 $\frac{1}{3}$을 정삼각형 모양으로 올려서 늘여가는 것이다. 2단계는 1단계에서 만들어진 작은 선분 4개 각각에 대하여 규칙을 반복한다. 생성되는 각 선분에 대하여 이 규칙을 무한히 반복했을 때 만들어진 도형이 코흐곡선이다.

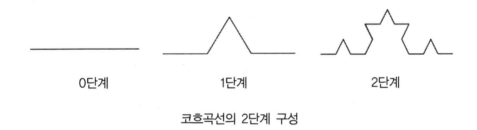

0단계   1단계   2단계

코흐곡선의 2단계 구성

코흐곡선의 자기유사성 차원을 구해 본다면, 임의의 주어진 단계에서 선분 하나의 길이는 그 다음 단계의 작은 닮음 선분의 3배이고, 작은 닮음 선분은 4개이다.

$$S = 3, \ N = 4$$
$$S^D = N \text{ 이므로, } 3^D = 4$$
$$D = \frac{2\log 2}{\log 3} \fallingdotseq 1.26$$

코흐곡선의 소수 차원은 1.26차원이고, 선분 1에서 시작하여 공간을 늘여가는 정도는 1.26 정도라고 볼 수 있다. 하지만 코흐곡선의 길이를 구하면 놀랍게도 무한대가 된다. 0단계 선분의 길이 1에서 시작하여 단계를 거듭하면서 길이는 계속 $\frac{1}{3}$씩 줄지만 개수는 4개씩 늘어난다. 따라서 0단계의 길이가 1이라면, 1단계의 길이는 $\frac{4}{3}$이고, 2단계의 길이는 $\left(\frac{4}{3}\right)^2$이다. n단계의 길이는 $\left(\frac{4}{3}\right)^n$이고, 무한하게 반복하면 길이는 무한대가 된다.

$$\frac{4}{3}, \left(\frac{4}{3}\right)^2, \left(\frac{4}{3}\right)^3, \cdots, \left(\frac{4}{3}\right)^n, \cdots$$
$$\lim_{n \to \infty} \left(\frac{4}{3}\right)^n = \infty$$

코흐곡선은 유한한 선분 1에서 시작하였으나 그 길이가 무한대가 되는 곡선으로, 이전의 기하학에서 괴물이라고 밖에 달리 말할 수 없었을 것이다.

코흐곡선의 규칙을 아래와 같이 삼각형의 각 변에 실행한다면 마치 눈송이와 같은 도형이 생성된다. 이 도형은 코흐눈송이(Koch snowflake)라고 불린다. 0단계 정삼각형에서 시작하여 각 변에 코흐곡선과 같이 정삼각형 모양으로 올려서 늘여간다.

코흐눈송이의 2단계 구성

코흐눈송이는 0단계 삼각형의 한 변의 길이를 1이라고 했을 때, 코흐곡선과 마찬가지로 둘레의 길이는 무한대가 된다.

$$\frac{4}{3}\times 3,\ \left(\frac{4}{3}\right)^2\times 3,\ \left(\frac{4}{3}\right)^3\times 3,\ \cdots,\ \left(\frac{4}{3}\right)^n\times 3,\ \cdots$$

반면에 코흐눈송이의 넓이는 1이라고 했을 때, 0단계 정삼각형은 밑변 1, 높이 $\sqrt{3}$ 이고 넓이 $\frac{\sqrt{3}}{4}$ 이다. 1단계에는 각 변에 한 변이 길이가 $\frac{1}{3}$ 인 정삼각형이 4개씩 추가되므로, 각 변에서 넓이 $\frac{\sqrt{3}}{4}\times\left(\frac{1}{3}\right)^2\times 4$ 씩 늘어난다. 세 변 각각에 대하여 늘어나는 넓이를 구한다면,

$$\frac{\sqrt{3}}{4}\ +\ \frac{\sqrt{3}}{4}\times\left(\frac{1}{3}\right)^2\times 4\times 3\ +\ \frac{\sqrt{3}}{4}\times\left(\frac{1}{3}\right)^3\times 4^2\times 3\ +\ \cdots$$

$$+\ \frac{\sqrt{3}}{4}\times\left(\frac{1}{3}\right)^n\times 4^{n-1}\times 3\ +\ \cdots$$

$$\frac{\sqrt{3}}{4}\left(1+\sum_{n=1}^{\infty}\frac{3\cdot 4^{n-1}}{9^n}\right)\ =\ \frac{\sqrt{3}}{4}\left(1+\frac{\frac{3}{9}}{1-\frac{4}{9}}\right)$$

$$=\ \frac{\sqrt{3}}{4}\left(1+\frac{3}{5}\right)\ =\ \frac{2\sqrt{3}}{5}$$

코흐눈송이는 한 변의 길이가 1인 정삼각형에서 규칙을 실행한다면, 둘레의 길이는 무한대이지만 넓이는 $\frac{2\sqrt{3}}{5}$ 인 도형이다.

6.3 페아노 곡선의 자기유사성 차원

아래 그림은 페아노 곡선의 구성 규칙이다. 페아노 곡선은 0단계 선분의 삼등분점에서 가운데 선분을 위쪽, 아래쪽으로 정사각형 모양으로 늘리고 그 자리에도 선분을 남기는 규칙이다. 1단계에는 닮은 작은 선분이 9개 생성된다. 페아노곡선은 선분에서 시작하여 구성해 가는 것이지만, 자기유사성 차원은 2차원이다. 페아노 곡선의 자기유사성 차원을 구해보고, 공간을 채우는 정도와 관련지어서 이야기 해 보자.

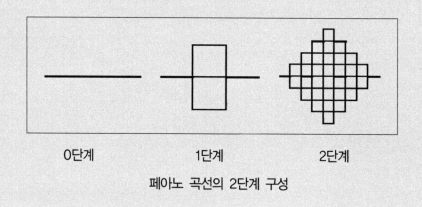

0단계   1단계   2단계

페아노 곡선의 2단계 구성

4) 시어핀스키 삼각형의 소수 차원 구하기

시어핀스키 삼각형((Sierpinski triangle)은 폴란드의 수학자 시어핀스키(W. F. Sierpinski)의 이름에서 붙여졌으며, 시어핀스키 개스킷((Sierpinski gasket)이라고 한다. 구멍이 숭숭 뚫린 삼각형으로 프랙탈의 예로 많이 알려져 있는 도형이다. 시어핀스키 삼각형의 구성 규칙은 0단계 정삼각형에서 시작하여 각 변의 이등분점을 연결하여 만들어지는 네 개의 작은 정삼각형 중에서 가운데 작은 삼각형은 제거하고 가장자리의 작은 삼각형 세 개만을 남기는 것이다. 2단계는 1단계에 남겨진 작은 삼각형 세 개에 대하여 이 규칙을 다시 반복한다. 이 규칙을 무한하게 계속하여 만들어지는 도형이 시어핀스키 삼각형이다.

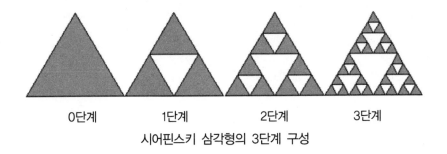

시어핀스키 삼각형의 3단계 구성

시어핀스키 삼각형의 자기유사성 차원을 구해 본다면, 임의의 주어진 단계에서 정삼각형의 한 변의 길이는 그 다음 단계에 있는 작은 정삼각형의 한 변의 2배이고, 작은 정삼각형은 3개이다.

$$S = 2, \ N = 3$$
$$S^D = N \text{ 이므로}, \ 2^D = 3$$
$$D = \frac{\log 3}{\log 2} \fallingdotseq 1.58$$

시어핀스키 삼각형의 소수 차원은 1.58 차원으로, 평면을 가득 메운 정삼각형의 차원 2와 비교한다면 그보다는 작고, 선분 1차원보다는 큰 그 사이의 값이다. 하지만 시어핀스키 삼각형은 둘레의 길이는 무한대이다. 즉, 각 단계마다 한 변의 길이는 $\frac{1}{2}$ 로 줄고 개수는 3개씩 늘어나므로 각 단계마다 $\frac{3}{2}$ 씩 커지게 되고, 무한하게 반복하면 둘레의 길이는 무한대이다.

$$\frac{3}{2}, \ \left(\frac{3}{2}\right)^2, \ \cdots, \ \left(\frac{4}{3}\right)^n, \ \cdots$$

$$\lim_{n \to \infty}\left(\frac{3}{2}\right)^n = \infty$$

반면에 시어핀스키 삼각형에서 처음 0단계 삼각형의 넓이를 1이라고 했을 때 각 단계마다 $\frac{1}{4}$을 제거하고 $\frac{3}{4}$을 남기게 되므로 n단계에서 차지하는 넓이는 $\left(\frac{3}{4}\right)^n$이다. 시어핀스키 삼각형은 이 규칙을 무한하게 반복했을 때의 도형이므로 n을 무한대로 하면 시어핀스키 삼각형의 넓이는 0이다.

$$\lim_{n \to \infty}\left(\frac{3}{4}\right)^n = 0$$

시어핀스키 삼각형은 공간을 메우는 정도는 1.58 차원이지만, 둘레의 길이는 무한대가 되고 넓이는 0인 프랙탈이다. 그동안 프랙탈 기하가 밝혀지지 이전까지 시어핀스키 삼각형은 둘레가 무한대이면서 그 넓이는 0으로 우리가 가진 통념으로 이해하기 어려운 기괴한 것이었다.

5) 시어핀스키 사각형의 소수 차원 구하기

시어핀스키 사각형은 시어핀스키 카펫(Sierpinski carpet)이라고 불리는 것으로, 구멍이 숭숭 뚫리는 사각형을 상상할 수 있다. 시어핀스키 사각형의 구성 규칙은 0단계 정사각형에서 시작하여 서로 마주보는 변끼리 삼등분점을 연결하여 만들어지는 작은 정사각형 9개 중에서 가운데 작은 사각형을 제거하고 가장자리의 작은 사각형 8개를 남기는 것이다. 2단계는 1단계에 남겨진 가장자리의 작은 정사각형 8개에 대하여 같은 규칙을 적용한다.

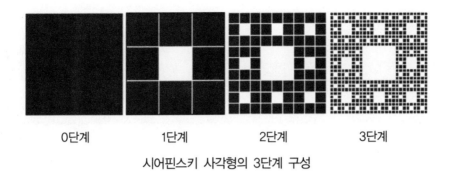

| 0단계 | 1단계 | 2단계 | 3단계 |

시어핀스키 사각형의 3단계 구성

시어핀스키 사각형의 자기유사성 차원을 구해 본다면, 임의의 주어진 단계에서 정사각형의 한 변의 길이는 다음 단계에서 작은 정사각형 한 변의 길이의 3배이고, 작은 정사각형은 8개이다.

$$S = 3, \quad N = 2$$
$$S^D = N \text{ 이므로, } 3^D = 8$$
$$D = \frac{3 \log 2}{\log 3} \fallingdotseq 1.89$$

1차원 선분에서 가운데 $\frac{1}{3}$을 제거하는 규칙을 실행한 칸토어집합, 2차원 정사각형에서 가운데 정사각형을 제거하는 규칙을 실행한 시어핀스키 사각형이 있다면, 3차원 정육면체에서 가운데 정육면체를 제거하는 규칙을 실행한 프랙탈을 상상할 수 있다. 이것은 수학자 카를 멩거(Karl Menger)의 이름에서 유래하여 멩거 스펀지(Menger sponge)라고 불린다. 멩거 스펀지의 생성 규칙은 0단계 정육면체에서 시작하여 각 모서리의 삼등분점을 연결하고 생성되는 작은 정육면체 27개 중에서 가운데 정육면체 7개는 제거하고 모서리의 20개의 작은 정육면체를 남긴다. 다시 1단계에 남겨진 작은 정육면체 각각에 대하여 같은 규칙을 반복하고 무한하게 이 규칙을 반복했을 때 생성되는 도형이 멩거 스펀지이다.

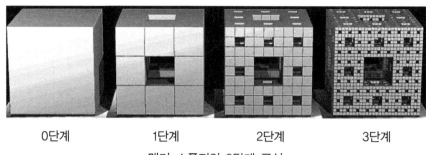

| 0단계 | 1단계 | 2단계 | 3단계 |

멩거 스폰지의 3단계 구성

(사진 출처 : 위키백과 https://www.wikipedia.org)

멩거 스폰지의 자기유사성 차원을 구해 본다면, 임의의 주어진 단계에서 정육면체의 한 모서리의 길이는 다음 단계에서 작은 정육면체 한 모서리의 길이의 3배이고, 작은 정육면체는 20개이다.

$$S = 3, \ N = 20$$
$$S^D = N \ \text{이므로,} \ 3^D = 20$$
$$D = \frac{\log 20}{\log 3} = \frac{1 + \log 2}{\log 3} ≒ 2.72$$

프랙탈 기하에서 구한 소수 차원의 값은 공간을 메우는 정도나 부서진 정도를 말하여 준다. 이전에 우리가 알고 있던 유클리드 기하의 1, 2, 3 차원과 비교할 때 서로 모순되지 않고 잘 어울리게 해석할 수 있다. 차원을 바라보는 관점은 학문에 따라 다른 방식으로 해설할 수 있으며, 프랙탈 기하의 소수 차원은 차원에 대한 새로운 시선을 제시하고 있다.

6.4 시어핀스키 사각형 쿠키

시어핀스키 사각형은 생성하는 규칙이 간단하여 조형 활동을 통하여 여러 가지 모습으로 만들어진다. 아래 그림은 시어핀스키 사각형 쿠키이다. 시어핀스키 사각형의 구성 규칙으로 구성해 보고 자기유사성 차원을 구하여 비교해 보자.

(자료 출처 http://www.evilmadscientist.com/2008/sierpinski-cookies/)

참고 문헌

Steen, L. A. (1990). *On the shoulders of giants: New approaches to numeracy*. Washington DC: The National Academy of Sciences.

Abbott, E. A.(저), 윤태일(역)(1998). **플랫랜드이야기**. 늘봄출판사.

Peterson, I. (저), 김인수, 주형관(공역)(1998). **현대수학의 여행자**. 사이언스북스.

3부. 수학과 놀다

7장
수학으로 스포츠를 과학화하다

신이 존재하지 않지만 신을 믿을 경우 잃을 것은 아무것도 없지만, 신이 존재하고 신을 믿으면, 다시 말해 옳은 선택을 했다면 영원한 행복을 얻게 되는 것이다.

반면 신이 존재하지 않고 신을 믿지 않는다면 얻는 것이 하나도 없으나 신이 존재하는데 신을 믿지 않으면 지옥으로 떨어질 것이다.

_Pascal

7장. 수학으로 스포츠를 과학화하다

1. 축구와 정다면체 | 2. 스코어와 확률 | 3. 세계 랭킹 | 4. 스포츠의 판정법 | 5. 경기 운용계획

1. 축구와 정다면체

1) 월드컵 공인구

2002년 한일 월드컵의 뜨거운 열정과 함께 그 당시 사용되었던 공인구 '피버노바'를 기억하는 사람들이 많다. 피버노바는 열정을 뜻하는 'fever'와 별을 뜻하는 'Nova'를 형상화시킨 것으로 4개의 바람개비가 깊은 인상을 주었다. 그렇다면 월드컵에서 사용하는 공인구는 어떻게 유래하게 되었을까? 초기 축구공은 동물의 방광에 바람을 넣은 것이었다. 공에 대해 정해진 규칙이 없었고 다만 공을 가죽으로 만들어야 한다는 규정만 있었다. 그로 인해 공의 크기나 무게가 전부 제각각이었다. 이러한 것이 문제가 된 것은 1930년 초대 월드컵 결승전이었다. 우루과이와 아르헨티나가 서로 자국의

공을 사용하겠다고 주장하면서 양국은 전반에는 아르헨티나 공을, 후반에는 우루과이의 공을 사용하였다. 월드컵에서 공에 대한 시비가 사라지게 된 것은 아디다스가 공인구를 만들어 사용하기 시작한 1970년 멕시코 대회부터이다. 아디다스는 가볍고 탄성을 높인 공 '텔스타'를 제작하였다. 이는 'TV 속의 별'이라는 뜻으로 월드컵 최초위성 생중계를 기념하기 위해 만들어졌다. 텔스타는 가벼운 무게와 탄성 이외에도 디자인 자체가 혁명적인 것이었다. 실제로 1960년대까지의 일반적인 축구공은 배구공과 같은 줄무늬 디자인이었다. 텔스타는 정이십면체 모양의 각 꼭짓점을 깎은 준정다면체를 기본 모양으로 디자인하였다. 정이십면체의 각 모서리를 3등분하여 자르게되면 '깎은 정이십면체'가 되는데, 이는 정오각형 12개와 육각형 20개로 구성된다. 이 디자인은 1978년 '탱고', 1986년 '아즈테카', 1990년 '에트루스코 유니코' 등 오랫동안 가장 일반적으로 사용되었다.

이후 2006년 독일 월드컵에서는 팀의 정신이라는 뜻의 '팀가이스트'를 선보였다. 이는 이전과 달리 정팔면체의 각 꼭짓점을 깎은 준정다면체를 기본으로 하였다. 정팔면체의 각 모서리를 3등분하여 자르면 8개의 정육각형과 6개의 정사각형 등 14개의 곡면으로 구성된 도형이 된다. 가죽 면수가 크게 줄어들면서 팀가이스트는 이전 공인구들보다 구형에 좀 더 가까운 모양으로 완성되었고, 이 때문에 슈팅을 할 때 전달이나 공기 저항력이 크게 향상되었다.

2010년 남아공 월드컵에서는 '축제를 위하여'라는 의미의 '자블라니'를 선보였다.

팀가이스트에 비해 가죽 패널수를 더욱 줄여 3차원 곡선 형태의
가죽 조각 8개를 이용하여 만들었다. 역대 가장 원형에 가까워
공중에서 경로 예측이 매우 어려운 특징을 갖는다.

2014년 브라질 월드컵에서는 '브라질 사람'이라는 의미의 '브
라주카'를 선보였다. 기본 모양은 삼각형 8개로 이어진 정팔면체
이며, 실제로는 정삼각형 4개와 육각형 4개로 만들어졌다. 브라주카 세조각이 모이는
점을 연결하면 정육면체 모양이 그려지고, 바람개비 조각의 중심을 연결하면 정팔면
체 모양이 그려진다.

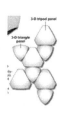  

2018년 러시아 월드컵에서 선보인 '텔스타 18'은 정사각형을 변형한 모양 6장으로
만들었다. 이름에서 알 수 있듯이 최초의 월드컵 공인구 '텔스타'의 클래식한 디자인
을 되살려 현대적으로 재해석하고 모자이크 형태로 표현하여 제작하였다. 근거리 무
선통신 칩을 탑재하여 스마트폰으로 인터넷에 연결하면 공에 대한 구체적인 정보를
얻을 수 있고, 킥 속도를 측정하거나 위치 추적 기능을 활성화하는 것도 가능한 IT
기술이 접목된 공이다. 또한 그 동안 구 모양을 구현하기 위해 곡선으로 이루어진
패널을 주로 이용했던 데 비해, 텔스타 18은 6개의 다각형 조각으로 패널을 구성한
점에서 큰 차이를 보이고 있다.

2) 축구공과 다면체

(1) 완벽한 원형을 향하여

축구공을 만드는 것과 다면체는 무슨 관련이 있는 것일까? 축구인들에게 흔히 들을 수 있는 말 중에 '공은 둥글다'라는 말이 있다. 이 말은 스포츠, 특히 축구에는 절대 강자나 절대 약자가 없다는 것을 표현할 때 사용한다. 수많은 상황에서 오는 변수로 인해 약팀이 강팀을 이기는 기적 같은 일이 일어난다.

월드컵 공인구의 역사를 살펴보면, 때마다 가장 구에 가까운 공을 만들고자 했다고 한다. 축구공을 둥글게 만들어야 하는 이유는 무엇일까? 기본적으로 둥글어야 공이 굴러가기 때문이다. 또한 공을 찰 때 충격을 덜기 위해서는 둥글수록 유리하다. 구 모양을 만드는 것이 중요한 이유는 공 안에 있는 공기가 각 방향으로 대칭적으로 똑같은 압력을 가하기 때문이다.

깎은 정이십면체를 기본으로 하는 공인구와 달리 팀가이스트부터는 깎은 팔면체를 기본으로 하였는데, 이는 색다른 짜깁기로 원형에 더 가까운 구조를 구현하고자 했기 때문이다. 특히, 조각들 사이의 이음새는 외부 충격에 일정하게 반응하기 위해서 매우 중요한 요소이다. 팀가이스트는 기존의 32조각에서 14조각으로 조각수가 줄어들었는데, 그렇게 함으로써 3개의 조각이 만나는 지점이 60곳에서 24곳으로 60% 줄어들었다. 또한 조각끼리 맞닿는 선의 길이도 40.05cm에서 33.93cm로 15% 이상 감소했다. 이렇게 이음새가 줄어서 외부 충격에 대한 반응이 더 일정해지면, 선수들의 슈팅 정확도가 높아지고, 축구공을 더 정교하게 통제할 수 있게 된다.

한편, 공이 원형에 더 가까워짐으로써 축구공을 몰고 가는 과정에서 선수들은 공을 더욱더 정교하게 통제할 수 있다. 축구공의 운동을 이해하려면 유체의 운동에 관한 지식이 필요하다. 공은 특정 속도 이상의 빠른 속도로 움직일 때 공 주변에 소용돌이 등 난류가 형성된다. 이러한 난류는 공을 찬 직후 생기는데, 이렇게 난류가 형성될 때에는 마찰력이 상대적으로 적게 작용해 공의 회전에 따른 영향이 적고 멀리까지 날아간다. 그러나 속도가 떨어지면 공기 흐름이 안정적이고 얇은 층을 이루는 층류의 영향으로 마찰력이 커진다. 또 공에 회전을 가하면 마그누스 효과로 공이 휘어지게 된다. 마그누스 효과란 원통형이나 구형의 물체가 유체 속에서 회전할 때 속도에 수직한 방향의 힘을 받아 물체가 휘는 현상이다. 즉 스핀을 넣어서 세게 찰 경우 처음에는 난류 영역에서 직선으로 날아가다가 특정 속도 아래로 떨어지면 공 주변에 층류가 형성되면서 공이 급격하게 휘게 된다. 공이 원형에 더 가까워질수록 축구공을 몰고 가는 과정에서 공을 더 정교하게 통제할 수 있고, 다양한 방식으로 공을 활용할 수 있게 된다.

(2) 정다면체

이처럼 축구공을 원형에 가장 가깝게 만드는 것은 매우 중요하다. 사실 최초의 월드컵 공인구 텔스타가 깎은 정십이면체를 기본으로 하게 된 것은 12개의 정오각형과 20개의 정육각형, 전체 32개의 조각으로 구성되어 본선 진출 국가 수와 동일하다는 우연이 들어 있지만 근본적으로는 구를 만드는 가장 간단한 형태이기 때문이다. 면이 모두 정다각형이면서 꼭지점들이 특수한 대칭성을 갖는 소위 '아르키메데스 다면체'가 축구공 모양의 기본이 된다.

월드컵 공인구에서 기본 도형으로 제안된 정십이면체와 정팔면체는 정다면체의 일종이다. 정다면체는 '모든 면이 합동인 정다각형이고, 각 꼭짓점에 모여 있는 면의 개수가 같은 입체도형'이다. 고대 이집트에서는 정사면체, 정육면체, 정팔면체를 발견하였으며, 피타고라스 학파는 정십이면체와 정이십면체가 존재함을 발견하였다.

한편, 정다면체는 이들 5가지밖에 존재하지 않는다.

정사면체　　　정육면체　　　정팔면체　　　정십이면체　　　정이십면체

정다면체가 5가지 밖에 존재하지 않는다는 사실은 다음과 같은 방법으로 증명하는 것이 가능하다.

첫째는 정다면체의 한 꼭짓점에서 나타나는 특징을 중심으로 증명하는 것이다. 만약, 한 면이 정n각형으로 이루어진 정x면체가 있다고 하자. 이때 한 꼭짓점에 모이는 모서리의 개수가 k라고 가정해보자. 이 도형이 다면체를 이루기 위해서는 한 꼭짓점에 3개 이상의 정다각형이 모여야 한다. 그리고 볼록인 다각형을 이루기 위해서는 정다면체를 이루는 정다각형의 한 각이 120° 이하여야 한다. 따라서 $3 \leq n \leq 5$가 성립한다. $n = 3$이면 한 내각의 크기가 60°이므로, 한 꼭짓점에 모이는 다각형의 각도의 합이 360°보다 작아야 하므로 $3 \leq k \leq 5$이다. $n = 4$이면, 한 내각의 크기가 90°이므로, $k = 3$뿐이다. $n = 5$이면, 한 내각의 크기가 108°이므로, $k = 3$뿐이다. 따라서 정삼각형으로 이루어진 정다면체로는 한 꼭짓점에서 정삼각형이 3개, 4개, 5개 만나서 이루어지는 정사면체, 정팔면체, 정이십면체가 있다. 정사각형으로 이루어진 정다면체로는 한 꼭짓점에서 정사각형이 3개 만나서 이루어지는 정육면체가 있다. 정오각형으로 이루어진 정다면체로는 한 꼭짓점에서 정오각형이 3개 만나서 이루어지는 정십이면체가 있다.

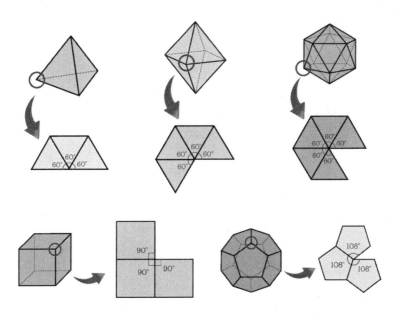

둘째는 오일러의 정리를 이용한 것이다. 오일러는 다면체에 관한 다음과 같은 정리를 증명한 바 있다. 즉, 다면체의 꼭짓점의 개수를 v, 모서리의 개수를 e, 면의 개수를 f라고 할 때, $v-e+f=2$가 성립한다는 것이다. 사실 오일러의 다면체 정리는 쉽게 증명할 수 있다. 먼저 다면체를 구 위에 그려진 그래프라고 생각한다. 다음으로 다면체에서 하나의 면을 제거한 후 이를 평면에 펼쳐 놓아 평면상의 그래프를 하나 얻은 후 오일러의 정리를 이용한다. 일반적으로 평면상의 그래프는 $v-e+f=1$이 성립한다. 이는 점과 선으로만 이루어진 트리가 $v-e+f=1$이 성립한다는 사실로부터 쉽게 이해된다.

다면체에서 그래프로, 그래프에서 트리로 변형되는 과정을 보자. 다면체에서 면(f)를 하나 없앤 후 이를 평면으로 펼치고, 이 그래프의 가장 바깥쪽의 선분(e)을 하나씩 제거하면 동시에 면(f)이 하나씩 없어진다. 면이 하나도 없어진 상태가 트리이다. 이제 트리인 상태에서 점(v)을 하나씩 없애면 동시에 선분(e)도 하나씩 없어지게 되어 최종적으로는 점(v)이 하나만 남게 된다. 결국, 이 변형의 과정을 되돌리면 트리에서 그래프로 변형되는 과정은 $v-e+f=1$이 보존된다. 다면체는 면이 하나 추가되므로 $v-e+f=2$가 된다. 이를 정다면체의 경우에 적용해보자. 한 면이 정n각형으로 이루어진 정x면체가 있다고 하자. 이 정다면체의 한 꼭짓점에 모이는 모서리의 개수를 k라고 하자. 그러면 다음이 성립한다.

$$v=\frac{nx}{k},\ e=\frac{nx}{2},\ f=x$$

따라서 오일러 정리에 의해, $\dfrac{nx}{k}-\dfrac{nx}{2}+x=2$가 성립한다.

$k\leq 2$인 경우는 성립하지 않는다.

$k=3$이면, $x(6-n)=12$가 되어, 이를 만족시키는 자연수를 구하면

$x(6-n)=12\times 1=6\times 2=4\times 3$가 되어, (x,n)은 $(12,5),\ (6,4),\ (4,3)$ 세 가지이다.

$k=4$이면, $x(4-n)=8$이 되어, 이를 만족시키는 자연수는 $(x,n)=(8,3)$뿐

이다.

$k = 5$이면, $x(10 - 3n) = 20$이 되어, 이를 만족시키는 자연수는 $(x, n) = (20, 3)$
뿐이다.

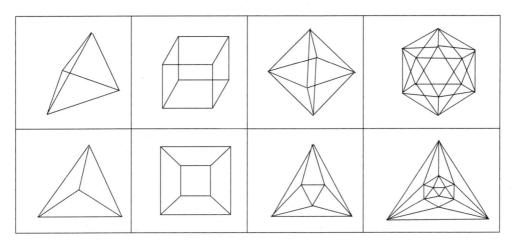

정다면체는 {(면모양)×(면의 수)}÷2=(다면체 모서리 수)가 성립하므로, 다음과 같
은 관계가 성립함을 알 수 있다.

	v	e	f
정4면체	4	6	4
정6면체	8	12	6
정8면체	6	12	8
정12면체	20	30	12
정20면체	12	30	20

2. 스포츠와 확률

1) 테니스와 확률

(1) 테니스의 스코어

테니스 경기는 포인트, 게임, 세트, 매치의 4단계로 구성된다. 시합 도중 공격에

성공하면 1포인트를 얻게 되고, 실패하면 1포인트를 잃게 된다. 4포인트를 먼저 얻으면 1게임을 이기게 된다. 만약 3대 3의 포인트가 되면 듀스라 하여 2포인트를 연속해서 먼저 얻은 사람이 그 게임을 가져가게 된다. 한편, 6게임을 먼저 얻으면 1세트를 가져가게 되는데, 게임 스코어가 5 대 5인 상황이 되면, 게임 듀스가 되어 먼저 2게임을 연속해서 얻어야 승자가 된다. 만약 6 대 6인 상황이 되면 타이브레이커 시스템에 의해 승자를 결정하게 된다. 타이브레이크는 게임이 듀스일 때 12포인트 중 7포인트를 먼저 획득한 자가 승리하는 경기방식이다. 두 선수의 게임 스코어가 2게임의 차이가 날 때까지 계속해야 하지만, 경기가 무한정 계속될 수 있어서 시간을 절약하고 선수의 체력소모를 방지하기 위해 6 대 6이 되었을 경우에 먼저 1게임을 이기면 승자가 되도록 하는 제도이다. 이 제도 하에서는 2포인트의 차를 두고 7포인트를 먼저 얻은 사람이 그 게임의 승자가 되어 결국 세트의 승자가 된다. 스코어가 6포인트 올이 된 경우에는 2포인트 차가 생길 때까지 게임은 계속된다.

이렇게 경기가 진행되는 한 게임 내에서 테니스는 스코어를 부르는 독특한 방법을 채택하고 있다. 0점을 러브(love), 1점을 핍틴(15), 3점을 서티(thirty), 4점을 포티(forty)라고 한다. 0점을 뜻하는 러브는 달걀을 뜻하는 프랑스어의 'l'oeuf'에서 유래된 것으로 알려져 있으며, 3번째 포인트를 15의 배수인 45 대신 40으로 부르는 이유는 밝혀지지 않았다.

한 게임이 진행되면서 두 선수가 포인트를 잃고 얻는 모든 상황을 고려하면 다음과 같은 흐름도로 나타낼 수 있다.

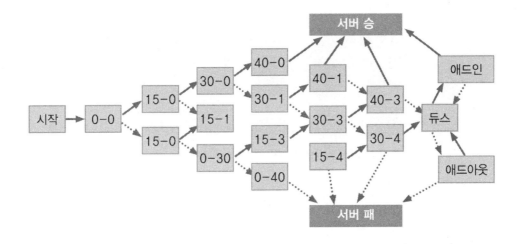

(2) 테니스 게임에서의 확률

경기가 진행되는 과정에 대한 도식으로부터 특정 스코어를 획득하게 될 확률을 구할 수 있다. 먼저, 두 선수의 경기력이 수치화된 후 각 스코어의 확률을 구할 수 있다. 두 선수가 경기를 할 때, 어느 한 선수는 점수를 따거나 잃는다. 이 점에서 두 선수의 경기력은 서로 배타적이다. 한 선수가 다른 선수와의 경기에서 점수를 얻는 사건을 A, 점수를 잃는 사건을 B라 할 때, 그 선수가 이길 확률은 사건 A가 일어날 확률이다. 따라서 n번의 시행에서 사건 A가 일어날 횟수가 m이라면,

$P(A) = \dfrac{m}{n}$ 이다.

예를 들어, A라는 선수가 점수를 얻을 확률이 0.7이고, B 선수가 점수를 얻을 확률이 0.3이라고 가정하자. 앞의 경기 흐름도에서 A가 서브를 하는 상황이라면 15-0이 될 확률은 0.7, 0-15가 될 확률은 0.3이 된다. 2포인트까지 결정된 상황은 다음과 같은 세 가지 경우로, 이 사건들은 서로 독립적이므로 곱의 법칙을 적용하여 확률을 다음과 같이 구할 수 있다.

$$P(30-0) \quad : \quad 0.7 \cdot 0.7 = 0.49$$
$$P(15-15) \quad : \quad 0.7 \cdot 0.3 + 0.3 \cdot 0.7 = 0.42$$
$$P(0-30) \quad : \quad 0.3 \cdot 0.3 = 0.09$$

한편, 게임의 완료는 4포인트가 결정되는 때부터 가능하다. 4포인트가 결정된 상태는 P(A의 게임)≒0.24, P(40-15)≒0.41, P(30-30)≒0.26, P(15-45)≒0.08, P(B의 게임)≒0.00

2) 야구와 확률

(1) 야구 게임의 규칙

야구는 펜스로 둘러싸인 경기장에서 감독이 지휘하는 9명의 선수로 구성된 두 팀이 한 명 이상의 심판원의 주재 아래 규칙에 따라 치르는 경기이다. 두 팀이 교대로 공격과 수비를 하면서 경기를 진행한다. 공격 팀이 상대 투수가 던지는 공을 쳐서 안타를 만들고 1·2·3루 베이스를 거쳐 홈플레이트를 밟으면 1점을 얻는다. 진루를 하는 방법은 안타뿐만 아니라 베이스온볼스나 히트바이피치드볼(hit by pitched ball) 등 여러 가지가 있다. 또 홈런을 치면 타자와 함께 베이스에 나가 있는 모든 주자들이 한꺼번에 홈플레이트를 밟아 득점을 올리게 된다. 공격 방법 중에는 도루도 있다. 주자가 수비를 하는 팀의 허점을 이용해 다음 베이스로 진루하는 것을 말한다. 도루는 타격이나 베이스온볼스, 히트바이피치드볼, 수비 팀의 실책 등과 상관없이 자신의 힘으로 진루할 경우에만 인정된다. 공격 팀은 3명의 선수가 아웃되면 수비 팀과 공수를 교대하게 된다.

한편, 야구 경기의 볼카운트는 스트라이크와 볼로 구분된다. 타자는 3번째 스트라이크 판정을 받으면 아웃이 선언되고, 4번째 볼 판정을 받으면 베이스온볼스가 되어 1루로 나간다. 경기장 밖으로 공이 날아가는 파울볼도 투 스트라이크까지는 스트라이크로 카운트 되지만, 투 스트라이크 이후에는 아무리 많은 파울볼을 쳐도 볼카운트에 기록되지 않는다. 정식경기가 끝났을 때 규칙에 따라 더 많이 득점한 팀이 승자가 된다.

(2) 야구에서의 확률

야구에서는 평균자책점, 출루율, 방어율, 타율, 장타율 등 다양한 수학적 공식에 따른 수치가 산출되고, 그에 따른 확률이 결정된다.

$$\text{타율} = \frac{\text{안타수}}{\text{타수}}$$

$$\text{장타율} = \frac{\text{루타수}}{\text{타수}}$$

예)
단타 40개×1=40루타
2루타 15개= 30루타
3루타 1개= 3루타
홈런 4개= 16루타
→ 60안타, 89루타

$$\text{장타율} = \frac{89}{60} = 1.483$$

$$\text{출루율} = \frac{\text{안타+볼넷+히트 바이 피치}}{\text{타수+볼넷+히트 바이 피치+희생플라이}}$$

여기서는 야구에서 확률을 이용하여 판단하는 상황을 살펴보자.

야구 경기에서 9회 말 2아웃 만루 동점 상황을 가정해보자. 투수는 50%의 확률로 스트라이크를 던지고, 타자는 타율 0.333의 강타자라고 가정하자. 이때, 감독은 타자에게 타격을 하라고 지시하는 것이 좋을지, 아니면 모든 공을 치지 않고 그냥 보내서 밀어내기 득점을 노리라고 지시할 것인지 결정해야 한다. 어떤 공격 방법이 현명할지 수학적으로 판단해볼 수 있다.

먼저, 타자가 타격을 하지 않고 기다리는 작전을 폈을 때 스트라이크 아웃이 될 확률을 생각해볼 수 있다. 스트라이크 아웃이 될 경우는 총 네 가지 경우로 나누어 볼 수 있다. 만약 스트라이크일 확률을 P_s, 볼일 확률을 P_b라고 하면 각 경우의 확률은 다음과 같다.

	경우의 수		확률
3 스트라이크	● ● ●		P_s^3
1볼 3스트라이크	Ⓑ ● ● ● ● Ⓑ ● ● ● ● Ⓑ ●		$3 \times P_s^3 \times P_b$
2볼 3스트라이크	ⒷⒷ ● ● ● Ⓑ ● Ⓑ ● ● Ⓑ ● ● Ⓑ ●	● ⒷⒷ ● ● ● Ⓑ ● Ⓑ ● ● ● ⒷⒷ ●	$6 \times P_s^3 \times P_b^2$
3볼 3스트라이크	ⒷⒷⒷ ● ● ● ⒷⒷ ● Ⓑ ● ● ⒷⒷ ● ● Ⓑ ● Ⓑ ● ⒷⒷ ● ● Ⓑ ● Ⓑ ● Ⓑ ●	Ⓑ ● ● ⒷⒷ ● ● ⒷⒷⒷ ● ● ● ⒷⒷ ● Ⓑ ● ● Ⓑ ● ⒷⒷ ● ● ● ⒷⒷⒷ ●	$10 \times P_s^3 \times P_b^3$

따라서 스트라이크 아웃이 될 확률(P_o)은 다음과 같다.

$$P_o = P_s^3 + 3 \times P_s^3 \times P_b + 6 \times P_s^3 \times P_b^2 + 10 \times P_s^3 \times P_b^3$$
$$= (1 + 3P_b + 6P_b^2 + 10P_b^3)P_s^3$$

한편, $P_o = 1 - P_s$이므로 위의 식에 대입하면

$$P_o = 20P_s^3 - 45P_s^4 + 36P_s^5 - 10P_s^6$$

이 상황은 타자가 타격하지 않고 포볼을 기다리는 작전을 할 때 스트라이크 아웃이 될 확률을 구하는 방법이다. 투수가 50%의 확률로 스트라이크를 던진다고 하면, 타자가 스트라이크 아웃이 될 확률은 0.65625, 즉 약 65.6%가 된다. 따라서 포볼이 될 확률은 34.4%이다. 타자의 타율이 0.333(33.3%)라면 타격하지 않고 기다리는 작전을 하는 편이 승리할 확률이 높아진다. 하지만 투수나 타자의 상태가 항상성을 유지하지 않고, 그날의 심리상태나 몸 상태에 따라 얼마든지 달라질 수 있기 때문에 이변은 일어나기 마련이다.

3. 세계 랭킹

1) FIFA 세계 랭킹

4년마다 월드컵이 열리면 우리나라는 어느 조에 속하였으며, 같은 조에 속한 다른 나라의 FIFA랭킹이 얼마인지 몹시 궁금하다. 우리나라와 싸울 상대팀의 실력을 가늠하여 16강 가능성을 점쳐보고자 함이다. 국제축구연맹인 FIFA는 1993년부터 국제적으로 활동하는 각국 대표팀들의 순위를 정한 FIFA랭킹을 발표하고 있다. 사실, 월드컵국가대표 팀끼리의 랭킹을 매기는 것은 쉬운 일이 아니다. 왜냐하면 친선경기, 대륙간 대회, 월드컵 등의 상대전적을 제외하면 순위 매길 기준이 없기 때문이다. 따라서 FIFA는 랭킹을 정하는 방식에서 조금이라도 공정하고 객관적인 평가가 될 수 있도록 노력해왔다.

FIFA 세계랭킹 발표가 시작된 1993년에는 이기면 3점, 비기면 1점, 지면 0점을 부여하는 방식이었다. 하지만 이 경우 5승 10패인 팀과 4승 2무인 팀 중 전자가 더 높은 랭킹을 얻게 된다. 상대가 누구인지 승률이 얼마인지와 무관하게 이기면 높은 점수를 받는 단순 지표이었기 때문이다. 1999년에는 이러한 단점을 보완하여 랭킹 산정 방식을 수정하였다. 랭킹이 높은 팀에게 승리하면 가중치를 주고, 골득실에 따라 점수를 상이하게 하며, 경기 중요도 항목을 추가하고, 대륙별 가중치를 두었다. 예컨대, 월드컵에는 가장 높은 가중치를 그 다음으로는 UEFA 유로, AFC 아시안컵 등에 높은 가중치를 주었다. FIFA 세계 랭킹은 2018년까지 다음과 같은 방식으로 산정되었다.

〈경기별 매치포인트〉

매치포인트=경기결과×경기중요도× {상대팀 가산점(200-상대팀의 랭킹)÷100 }
×대륙별 가중치(양 팀 대륙 점수의 평균) ×100

예를 들어, 2018 러시아 월드컵에서 대한민국 대표팀이 FIFA 세계 랭킹 1위인 독일을 이김으로써 얻은 포인트는 승점 3점, 경기중요도 4점, 대륙별 가중치(유럽과 아시아 점수의 평균)를 이용하여 다음과 같이 계산된다.

$$3×4×\{(200-1)÷100=1.99 \}× \{(0.99+0.85)÷2×100 \}=2196.96$$

한편, FIFA랭킹에 반영하는 포인트는 최근 4년 동안의 경기 결과에 한정한다. 그리고 각 시기별로 가중치를 달리하고 있다. 1년 안의 경기는 매치포인트 그대로, 1~2년 전 경기는 매치포인트에 0.5를 곱한 값, 2~3년 전 경기는 0.2를 곱한 값, 3~4년 사이의 경기는 0.2 곱한 값으로 구한다. 최종 점수는 이들 합계의 평균으로 구한다. 패할 경우 바뀐 시스템에서는 점수를 잃는다. 결국 FIFA 세계 랭킹을 높이려면 순위가 높은 국가를 이기고, 큰 대회에서 잘해야 하며, 최근 경기를 잘해야 한다.

하지만 이러한 산정 방식 역시 문제점이 있다. 대륙간 가중치의 문제나 매치포인트의 빈익빈 부익부 현상이 그러한 예이다. 또한 최종 점수가 합산이 아니라 평균이 되면서 친선 경기보다 큰 경기에만 관심을 기울이게 되는 문제가 발생한다. 또한 중요도가 높은 경기의 영향력이 너무 커서 발생하는 문제도 있다. 예컨대, 2014년 브라질 월드컵이 열릴 당시 브라질은 세계랭킹 22위에 머물렀다. 당시 브라질은 개최국으로서 지역예선을 치르지 않고 자동으로 본선진출 티켓이 주어졌다. 이 때문에 국가간 치르는 경기의 횟수가 상대적으로 작아 랭킹이 낮았다.

2) 테니스 세계 랭킹

남자프로테니스 세계 랭킹은 ATP(남자프로테니스협회)에서 매주 월요일마다 발표하며, ATP랭킹이라고 한다. 여자 테니스의 경우 WTA(여자프로테니스협회)에서 발표한다. ATP에서는 2000년부터 'ATP CHAMPIONS RACE'와 'ATP ENTRY SYSTEM'으로 나누어 포인트를 합산하여 랭킹을 결정한다. ATP CHAMPIONS RACE 랭킹은 시즌 시작 때 모든 선수들의 포인트가 0에서 출발하며, 시즌이 끝날 때 가장 많은 점수를 획득한 선수가 세계1위가 된다. 올해 1년 동안의 성적만으로 그해의 실력을 판가름한다. 특히, 그해 한 선수가 참가한 대회 중 18개 대회 성적을 합산하는데, 그랜드슬램 4개 대회와 마스터즈 시리즈 8개 대회에 참가할 자격이 있는 선수는 참가 여부와 관계없이 반드시 이 12개 대회의 성적을 반영하여야 한다. 즉, 18개 대회 포인트를 합산할 때 1개 대회 중 불참한 대회가 있다면 1개 대회 포인트가 0이 되는 것이다. 랭킹이 높지 않은 선수들은 참가 대회 중 성적이 좋은 18개 대회의 포인트를 합산하여 랭킹을 결정한다.

ATP ENTRY SYSTEM 랭킹은 ATP CHAMPIONS RACE 랭킹 포인트 계산 방법과 같지만, 포인트가 시즌이 시작하는 시점과 무관하게 만 1년 동안 유효하다는 점이 다르다. 이 ATP ENTRY SYSTEM 랭킹이 선수들의 시드 배정과 메이저대회 참가자격을 결정하는 기준이 된다.

생각해 보기

7.1

세계랭킹을 산정하는 다른 스포츠에는 무엇이 있는지 살펴보고, 랭킹 산정 방식을 알아보자.

4. 스포츠의 판정법

1) 결정과 판정의 개방성

어떤 것이 가장 좋은 것인지 판단하기 위해서는 판단의 기준과 방식이 필요하다. 언뜻 이러한 판단의 기준이나 방식을 정하는 것이 명쾌할 것처럼 생각되지만, 실상은 그렇지 않다. 예를 들어 세 사람이 세 가지 음식을 두고 메뉴를 결정하는 상황을 가정해보자. 투표를 해서 다수결에 의해 메뉴를 결정하기로 할 때, 세 사람의 의견이 모두 다르게 갈린다면 메뉴를 결정할 수 없다. 이 경우 세 사람이 먼저 두 가지 메뉴 중에서 다수결에 의해 하나의 메뉴를 정한 후, 그 메뉴와 나머지 메뉴 중 다수결에 의해 결정하기로 했다고 하자. 예컨대, 짜장과 김밥 중에서 먹고 싶은 것이 무엇인지 먼저 결정한 후, 그것과 국수 중에서 먹고 싶은 것이 무엇인지 결정한다고 하자. 수민이는 각각 짜장>김밥>국수 순으로 먹고 싶었고, 수진이는 김밥>국수>짜장 순으로, 수경이는 국수>짜장>김밥 순으로 먹고 싶었다면, 짜장과 김밥 중에서 짜장이 먼저 결정될 것이다. 그리고 짜장과 국수 중에서는 국수를 선택하게 될 것이다. 하지만 메뉴의 순서를 바꾸게 되면 전혀 다른 결과가 초래된다. 예를 들어, 김밥과 국수 중에서 결정하게 되면 김밥이 결정된 후, 짜장이 최종적으로 결정된다. 짜장과 국수 중 먼저 결정하게 되면 김밥이 최종적으로 선택된다. 이 방식은 세 사람이 토너먼트 방식으로 의사결정을 하는 사례이다. 집단의 의사는 전혀 바뀌지 않은 상태에서 투표의 차례에 의해 결과가 바뀌는 것이다. 따라서 우리는 메뉴를 결정하는 상황에서 이러한 판단 방식이 적절하지 않음을 알게 된다. 이처럼 어떤 것을 판단하는 기준이나 방식을 결정하는 것은 쉬운 일이 아니며, 미묘한 움직임과 속도 등을 통해 순위를 결정하는 스포츠에서도 예외가 아니다.

다음 표는 2018년 평창 동계올림픽에서 메달을 획득한 결과를 보여준다. 제시된 정보에는 순위가 매겨져 있는데, 이는 금메달 수를 기준으로 한 것이다. 평창 동계올림픽의 결과는 금메달 수뿐만 아니라 은메달 수 역시 순위가 높을수록 그 개수가 많다. 다만 6위 스웨덴과 8위 대한민국은 전체 메달 수에서 역전 현상이 나타나고 있다.

다시 말해 전체 메달 수의 합은 우리나라가 17개로 스웨덴 14개보다 많지만 순위로는 한 단계 낮다. 이와 같이 순위를 결정하는 것이 타당한지, 합리적인지, 수용가능한지는 결정의 과정을 거쳐야 한다. 어느 나라 성적이 가장 좋다고 생각하는지는 각자의 판단 기준에 따라 달라질 수 있다. 메달의 색깔보다 메달의 개수에 의미를 부여하게 되면 대한민국은 6위로 한 단계 상승하였을 것이다.

순위	국가	금	은	동	합계
1	노르웨이	14	14	11	39
2	독일	14	10	7	31
3	캐나다	11	8	10	29
4	미국	9	8	6	23
5	네덜란드	8	6	6	20
6	스웨덴	7	6	1	14
7	대한민국	5	8	4	17
8	스위스	5	6	4	15
9	프랑스	5	4	6	15
10	오스트리아	5	3	6	14

2) 등위 결정법

네 명의 선수의 수행 결과를 두 명의 심판이 등위를 매기는 경우를 생각해보자. 예컨대, A, B, C, D 선수의 등위를, 심판1은 2, 3, 1, 4로, 심판2는 2, 1, 3, 4로 판정했다고 가정해보자. 즉, 심판1은 C, A, B, D 순으로, 심판2는 B, A, C, D 순으로 수행을 잘 했다고 판정하였다. 이 경우 두 심판의 판정이 완전히 일치하지 않기 때문에 최종 등위를 어떻게 결정해야 하는지에 대한 문제가 남는다. 등위를 결정하는 방법으로 다양한 방식이 제시되어왔고 개선되어 왔다.

(1) 다수의 원리

위와 같은 문제 상황에서 가장 일반적으로 제시될 수 있는 방법 중의 하나는 다수의 원리이다. 다수의 원리는 가장 많은 수의 전문가가 평가한 등위를 그 대상의 등위로 정하는 방법이다. 예컨대, 심판1, 심판2, 심판3이 A, B, C, D의 등위를 순서대로 (심판1)=(1, 2, 3, 4), (심판2)=(1, 2, 4, 3), (심판3)=(1, 2, 4, 3)과 같이 매겼다고 하자. 이 경우 다수의 원리에 의한 등위는 (최종 등위)=(1, 2, 4, 3), 즉 A가 1등, B가 2등, D가 3등, C가 4등이다. 하지만 다수의 원리는 다음과 같은 경우 결점이 드러나게 된다. <표 7>에서는 B를 1위로 평가하는 데 문제가 없지만, <표 8>에서는 B를 1위로 평가하는 데에는 문제점이 있다.

표 7

	심판1	심판2	심판3	심판4	심판5
A	2	2	1	3	4
B	1	1	3	1	1
C	3	3	4	4	3
D	4	4	5	5	5
E	5	5	2	2	2

표 8

	심판1	심판2	심판3	심판4	심판5
A	2	2	1	3	4
B	1	1	3	1	1
C	3	3	4	4	3
D	4	4	5	5	5
E	5	5	2	2	2

(2) 콩도르세의 수정된 다수의 원리

이러한 문제점을 보완한 것이 콩도르세의 수정된 다수의 원리이다. 콩도르세는 프랑스의 수학자이자 사상가로서 근대적 투표제 정착에 큰 공헌을 하였다. 민주주의는 투표에 의해 결정하게 되는데 현실 세계에서 만장일치를 보기는 어렵다. 이때에는 국민 개개인의 선호를 어떻게 합리적인 사회적 선택으로 바꿀 것인가가 중요하다. 콩도르세가 제안한 수정된 다수의 원리는 A선수를 B선수보다 더 좋게 평가한 심판의 수와 B선수를 A선수보다 더 좋게 평가한 심판의 수를 비교하여 등위를 정하는 것이다. 예를 들어 <표 8> A선수를 B선수보다 높은 등위로 판정한 심판은 1명이고, B선수를 A선수보다 높은 등위로 판정한 심판은 4명이다. 이러한 방식으로 두 선수끼리 비교하여 순위를 결정하게 된다. 하지만 이 방법 역시 문제가 있다.

표 9			
	심판1	심판2	심판3
A	1	1	1
B	2	2	2
C	3	4	4
D	4	3	3

표 10			
	심판1	심판2	심판3
A	1	3	2
B	2	1	3
C	3	2	1

<표 9>에서는 모순이 없이 등위가 A, B, D, C가 된다. 하지만 <표 10>에서는 A>B, B>C, C>A가 되어 등위를 특정할 수 없는 콩도르세 모순이 나타나게 된다. 콩도르세는 다수결이 만능이 아니라는 점을 입증하고자 하였다. 즉, 최다득표제 하에서는 선호 이행성, 즉 A>B, B>C이면, A>C가 성립하여야 하는데, 반대로 C>A라는 결과가 나올 수 있다. 이는 단순 다수결을 통한 투표가 구성원의 선호를 제대로 반영하지 못할 수 있다는 것을 보여준다.

(3) 보르다의 개선된 다수의 원리

보르다는 이러한 모순을 극복하기 위해, 심판이 준 점수에 비중을 달리하여 합한 점수로 등위를 결정하는 개선된 다수의 원리를 제안하였다. 이는 미국 프로야구 메이저리그에서 MVP를 선정할 때 활용한다. 투표권이 있는 기자들이 1등부터 10등까지으 순위를 매기고, 1등 14점, 2등 9점, 3등 8점, 4등 7점, ... 10등 1점을 부여한다. 1등 수가 많아도 순위의 편차가 큰 경우 1위가 되지 못하는 경우도 있다. <표 11>에서 1등에게는 4점, 2등에게는 3점, 3등에게는 2점, 4등에게는 1점을 할당하여 합을 구하는 것이다. 이 방법에 따르면, A는 4+4+4+2+1=15점이고, B는 2+3+3+4+4=16점이 되어 B가 A보다 등위가 높다. 하지만 A를 B보다 높게 판정한 사람은 3명이고, B를 A보다 높게 판정한 사람은 0명이므로, 콩도르세의 방법으로는 A의 등위가 B보다 높다.

표 11

	심판1	심판2	심판3	심판4	심판5
A	1	1	1	2	2
B	3	2	2	3	4
C	2	4	5	1	3
D	4	3	3	5	1
E	5	5	4	4	5

(4) 종합적인 등위 결정 방법

각 선수들에게 점수를 부여하여 판정하는 경우, 심판진은 홀수로 구성하는 것이 일반적이다. 심판들이 각 부분에 할당된 점수를 주고 그 점수의 합에 의해 순위를 결정하게 된다. 심판마다 선수들의 등위가 다를 수 있으며, 이때 등위를 다음과 같이 결정할 수 있다.

표 12

	심판1	심판2	심판3	심판4	심판5	심판6	심판7	심판8	심판9
A	1	1	2	2	1	1	1	1	1
B	2	2	1	1	2	2	2	2	2

표 13

	심판1	심판2	심판3	심판4	심판5	심판6	심판7	심판8	심판9
A	3	3	4	4	3	3	4	2	4
B	4	4	3	3	4	4	3	4	3

<표 12>에서 A는 7명의 심판으로부터 1위를 받았고, B는 2명의 심판으로부터 1위를 받았다. 따라서 A가 1위, B가 2위라는 데에는 이견이 없다. 하지만 <표 13>에서 A와 B는 모두 4명의 심판으로부터 3위를 받았지만, A는 3위보다 높은 2위를 1명의 심판으로부터 받았다. 따라서 이 경우 마땅히 A가 3위가 될 것이다. 이 사례와 같이 과반수의 심판이 평정한 등위를 결정된 등위(DP; deciding place)라고 한다. 또한 k등 또는 k등보다 더 높은 등위로 평정한 심판의 수가 가장 많은 선수의 등위를 k등위라고 한다. 이는 보편적인 등위 결정 방법이다.

그런데 두 명 이상의 선수가 동일한 등위를 가지는 경우가 발생하게 되는데, 이때에

는 등위 결정의 수(NDP; number of deciding places)로 등위를 결정하게 된다. 등위 결정의 수는 결정된 등위를 결정하는 심판의 수이다.

표 14

	심판1	심판2	심판3	심판4	심판5
A	1	2	3	3	4
B	2	1	4	4	3

<표 14>에서 A와 B의 결정된 등위는 모두 3이다. 하지만 A의 NDP는 4, B의 NDP는 3이므로 A가 3위, B가 4위가 된다.

한편, DP에 이어 NDP까지 같으면 결정된 등위 수의 합(SDP; sum of deciding places)에 의해 등위를 결정하고, 그것마저 같을 경우 등위의 합(SP; sum of places)이 작은 순서로 등위를 결정하게 된다.

표 15

	심판1	심판2	심판3	심판4	심판5
A	1	2	3	3	4
B	1	1	3	3	5

<표 15>에서 A와 B의 DP와 NDP는 모두 각각 3과 4이다. 그러므로 A의 SDP=9와 B의 SDP=8에 의해 B가 3위, A가 4위가 된다.

표 16

	심판1	심판2	심판3	심판4	심판5
A	1	1	2	2	3
B	2	2	1	1	4

<표 16>에서는 A와 B모두 DP=2, NDP=4, SDP=6이다. 따라서 A의 SP=9와 B의 SP=10을 비교하여 A가 2위, B가 3위가 된다.

5. 경기 운용계획

1) 토너먼트

토너먼트는 스포츠나 오락경기에서 횟수를 거듭할 때마다 패자가 탈락해 나가고 최후 남은 두 사람 또는 두 팀이 시합하여 우승을 결정하는 것이다. 중세 기사의 마상시합을 일컫는 말에서 유래하여, 오늘날에는 시합이나 승부, 더 나아가 시합방식을 나타내는 용어로 사용한다. 토너먼트의 장점은 시합을 거듭할수록 시합 수가 적어지므로, 참가자가 많은 경기에서 비교적 단시간에 성적을 결정할 수 있다는 점이다. 반면, 패자는 다른 사람이나 팀과의 대전의 기회를 상실하게 되어 실력을 고루 발휘할 기회가 주어지지 않는다. 이 때문에 강자끼리 처음부터 대전하는 일이 없도록 시드제를 적용하기도 한다.

그렇다면 n개의 팀이 토너먼트 방식으로 경기를 하게 될 때 총 경기 횟수는 몇 번이나 될까? 만약 n이 2의 거듭제곱($n = 2^k$)이면, 모두 1회전부터 경기를 하게 되고, 다음과 같은 방식으로 이루어진다. 먼저 4명(팀)이 참가하는 경우 {1, 2}와 {3, 4}로 2등분하여 같은 묶음에 속한 선수나 팀은 준결승에서 경기를 하지 않도록 한다. 8명(팀)이 참가하는 경우는 {1, 2}, {3, 4}, {5, 6}, {7, 8}로 4등분하여 같은 묶음에 속한 선수나 팀은 8강전에서 경기를 하지 않고, {1, 2, 3, 4}, {5, 6, 7, 8}로 2등분한 상태에서 같은 묶음 속에 있는 선수는 4강전에서 경기를 치르지 않도록 한다. 유사한 방법으로 16강전 대진을 결정할 때는 {1, 2, 3, 4, 5, 6, 7, 8}, {9, 10, 11, 12, 13, 14, 15, 16} 두 묶음에 속한 선수나 팀끼리 경기를 갖지 않도록 하고, 8강전 대전은 {1, 2, 3, 4}, {5, 6, 7, 8}, {9, 10, 11, 12}, {13, 14, 15, 16} 묶음을 기준으로, 4강전은 {1, 2}, {3, 4}, {5, 6}, {7, 8}, {9, 10}, {11, 12}, {13, 14}, {15, 16} 묶음을 기준으로 같은 묶음에 속하는 팀이나 사람이 대전하지 않도록 한다. 이러한 방식으로 대진이 이루어지기 위해 다음과 같이 대진표를 쉽게 작성할 수 있다.

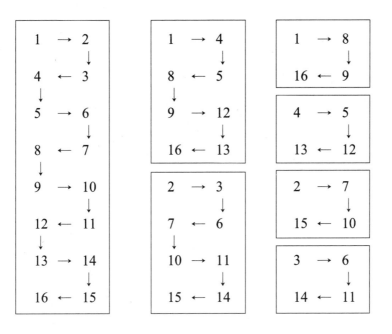

이 방식은 자음자 'ㄹ'을 따라 숫자를 써 내려간 후, 왼쪽에 쓰인 숫자들을 한 그룹으로, 오른쪽에 쓰인 숫자들을 다른 그룹으로 구성한다. 이것이 1차(16강) 대진표이다. 다시 각 그룹의 숫자를 같은 방식으로 'ㄹ'을 따라 숫자를 차례대로 쓰고 왼쪽과 오른쪽에 쓰인 숫자를 서로 다른 그룹으로 구성하면 이것이 2차(8강) 대진표가 된다. 이렇게 하여 16명(팀)의 대진표는 아래와 같이 구성할 수 있다. 따라서 $n = 2^k$이면, 총 경기의 수는 $2^{k-1} + 2^{k-2} + \cdots 2^1 + 2^0 = 2^k - 1 = n - 1$이 되어, 총 $(n-1)$번의 경기를 하게 된다.

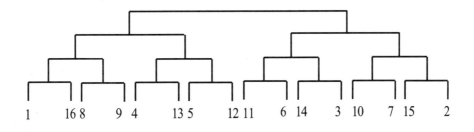

한편, $2^{k-1} < n < 2^k$이면, 1차전에서 $(2^k - n)$명(팀)의 선수가 부전승으로 올라

가게 된다. 2차전에서는 2^{k-1}명(팀)의 선수들이 2^{k-2}의 경기를 하고, 3차전에서는 2^{k-3}의 경기를 하게 된다. 이와 같은 방식으로 1차전부터의 경기를 고려하면 $(2^k-1)-(2^k-n)=(n-1)$번의 경기를 하게 된다. 그리고 $2^{k-1}<n<2^k$의 경우와 같이 참가하는 수가 2의 거듭제곱이 아닌 경우 대진표는 앞에서 구성한 대진표에서 가장 큰 수부터 차례대로 비워나가면 된다. 예컨대, 11명(팀)이 겨루는 경기에서의 대진표는 아래와 같다. 흔히 테니스 경기에서의 시드 배정은 각 선수의 랭킹을 기초로 하여 아래와 같은 방식으로 이루어진다.

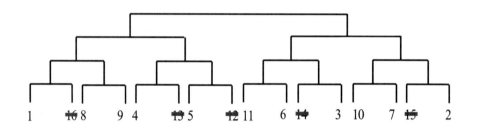

위에서 알 수 있듯이 n의 값이 2의 거듭제곱인지의 여부와 상관없이 n명(팀)이 참가하는 토너먼트 경기에서의 총 경기수는 $(n-1)$이 된다. 이는 한 번의 경기를 하여 질 경우 바로 탈락하게 되는 토너먼트 방식의 특징을 생각하면 쉽게 이해된다. 즉, n명(팀)이 겨루어 최종 우승자를 결정하게 된다는 것은 결국 $(n-1)$명(팀)이 져서 탈락했다는 것을 의미하고, 각각의 탈락을 결정하는 것은 단 한 번의 경기이다.

2) 리그

리그전은 여러 팀이 일정한 기간에 같은 시합수로 서로 대전하여 그 성적에 따라 순위를 결정하는 경기 방식이다. 그리고 이러한 방식으로 시합을 하는 팀의 모임을 리그라고 한다. 리그전은 대진 운에 상관없이 참가한 팀에게 평등하게 시합할 수 있는 기회를 준다는 장점이 있으나, 경기의 수가 많아 선수들에게도 무리가 따를 수 있으며, 토너먼트 방식에 비해 순위를 결정하기까지 시간이 많이 걸린다는 단점이 있다.

우리나라에서는 프로야구와 프로농구, 프로축구 등이 리그전의 방식으로 경기가 진행된다. 예를 들어, 우리나라 프로야구는 시즌, 포스트시즌으로 진행되며, 포스트시즌은 와일드카드 결정전, 준플레이오프, 플레이오프, 한국시리즈로 이어진다. 프로야구 팀은 총 10개의 팀으로 이루어져 있으며, 포스트시즌에 앞서 시즌 경기를 진행하게 된다.

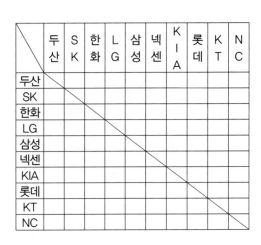

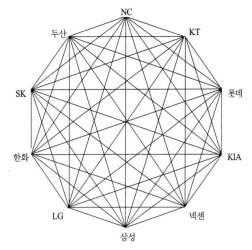

포스트시즌을 별도로 하면, 시즌에서는 단일 리그제로 경기를 실시하며, 총 16차전을 치른다. 10개의 구단이 있으므로, 한 구단은 9개의 상대팀과 각각 16번의 경기, 즉 $9 \times 16 = 144$ 경기를 치른다. 10개의 구단이 각각 144 경기를 치르게 되면 1440 경기라고 생각할 수 있으나, 각 경기는 두 팀이 하게 되므로 각 경기를 두 번 센 셈이 된다. 따라서 전체 경기의 수는 $1440 \div 2 = 720$이다. n개의 팀이 리그로 경기를 한다면, 각 팀이 $(n-1)$개의 팀과 경기를 하고 각 경기는 두 팀이 하게 되므로

$$\frac{n \times (n-1)}{2}$$ 가 된다.

한편, 토너먼트와 리그전의 장점을 살려 경기를 운용하기도 한다. 가령 월드컵 본선에는 32개국이 올라간다. 16강을 결정할 때까지는 조별 리그를 거친다. 4개국씩 8개의 조를 구성한 후 조별 리그를 거쳐 1, 2위 팀이 16강에 올라간다. 그 후에는 토너먼

트 방식으로 진행하여 패자가 바로 탈락한다. 그렇다면 월드컵 본선에서는 최종 몇 번의 경기가 열리게 될까? 각 조별 경기는 $\frac{4 \times 3}{2} = 6$만큼 열리므로, 전체 8개의 조를 합산하면 $6 \times 8 = 48$이다. 16강부터는 토너먼트로 진행이 되므로 우승자를 결정하기까지 $16 - 1 = 15$ 경기가 진행되고, 3, 4위 결정전이 추가되어 16강 이후 전체 경기는 16 경기가 진행된다. 따라서 월드컵 시즌에 우리는 총 64 경기를 관람할 수 있다.

생각해 보기

7.2

친구 30명이 보드게임을 하려고 한다고 가정하고, 토너먼트 형식으로 게임을 진행할 때의 대진표를 만들어보자.

참고 문헌

김용운, 김용국(2007). **재미있는 수학여행 3: 기하의 세계**. 김영사.

노자키 아키히로, 이즈모리 히토시, 이토 준이치, 오자와 겐이치((2008). **창의적 문제해결력 수학 2: 도형과 공간**. 살림 Math.

뉴턴사이언스(2011). **수학퍼즐과 논리 패러독스**. 뉴턴코리아.

박경미(2013). **수학콘서트 플러스**. 동아시아.

박형빈(2007). **수학은 생활이다**. 경문사.

수학동아(2018). **수학동아** vol.106. 동아 사이언스.

수학동아(2018). **수학동아** vol.104. 동아 사이언스.

홍성사, 김종명, 이상구, 박창균, 허민, 김성숙, 계영희, 김향숙, 정해남, 박형빈, 김영익, 방승진, 정문자(2005). **수학과 문화**. 우성출판사.

https://www.fifa.com/worldcup/

https://www.koreabaseball.com/

https://terms.naver.com/entry.nhn?docId=1235371&cid=40942&categoryId=31969 월드컵 공인구[두산백과].

https://terms.naver.com/entry.nhn?docId=3569284&cid=58907&categoryId=58922 월드컵 공인구의 역사[네이버 지식백과]

8장
퍼즐 속에서 수학의 논리를 배우다

퍼즐과 같은 상태, 즉 당황하고 혼란스러워
하는 감정을 재미로 받아들이고 유희라는
형태로 즐기기 위해 퍼즐을 발명한 것은
'호모 루덴스'로서의 인간의 필연이었다.

– 한다 료스케

8장. 퍼즐 속에서 수학의 논리를 배우다

1. 퍼즐 소개

1) 퍼즐이란

어떤 사람이 '머리가 좋다', '지능이 뛰어나다'라고 할 때 이는 문제해결이나 인지적 반응 등 종합적 사고 능력이 뛰어나다는 것을 말한다. 즉, 학습 능력, 기억력, 문제해결 능력 등이 뛰어나다는 것이다. 지능은 학습으로 만들어지는 '결정적 지능'과 전체를 통합해서 지각으로 판단하는 '유동성 지능'으로 구분하기도 하는데, 그 중 유동성 지능으로 잠재적 지능을 판단할 수 있으며 그 대표적인 도구로 '퍼즐'을 사용한다. 퍼즐은 집중력과 융통성 사고, 창의적인 문제해결력을 기를 수 있는 대표적인 수학 레크리에이션의 일종이다. 조각을 맞추는 과정에 몰두하다 보면 집중력이 높아지고,

이리저리 관찰하고 회전해 보는 과정에서 창의적인 문제해결력이 길러진다. 또한 부분과 전체를 통합할 수 있는 형태 인식력과 입체 공간적 사고도 길러진다. 평면과 입체를 표상할 수 있는 추론적 사고와 눈으로 보고 손으로 맞추는 과정에서 시·지각의 협응력도 높아진다.

일반적으로 퍼즐은 어려운 문제 또는 생각하게 하는 문제라는 뜻을 가지고 있으며, 넓은 의미로는 학문적인 것보다 놀이로 풀어보는 '수수께끼' 전반을 가리킨다. 영어에서 'puzzle'이라는 단어의 어원은 '혼란스럽게 만들다', '당황하게 만들다'라는 의미이며, 이 단어가 탄생한 것은 16세기 말이다. 당시에는 일상생활에서의 감정을 나타내는 말로, 유희로서의 퍼즐이라는 말은 아직 사용되지 않고 있었다. 그러나 수수께끼나 언어유희, 유머는 존재하였으며, 이는 일상생활에서 즐기던 것들이었다. 그 중에서 분명하게 '질문'의 형식을 띤 것이 오늘날 퍼즐로 자리매김하게 되었다고 할 수 있다. 한다 료스케는 당황하고 혼란스러워하는 감정을 재미로 받아들이고 유희라는 형태로 즐기기 위해 퍼즐을 발명한 것은 유희적 인간의 필연이었다고 말한다. 즉, 모든 유희가 일종의 자유로운 행동이라면 퍼즐의 역사는 사고하는 자유와 즐거움에 눈을 뜬 인간의 역사와 같다는 것이다.

한편, 퍼즐은 퀴즈와는 달리 추리를 통해서 풀 수 있는 문제이므로 수학을 어렵고 딱딱한 학문으로 거부감을 나타내는 사람이라도 흥미를 가지고 문제를 풀거나, 해답을 알고 싶어하거나, 풀어나가는 방법을 보고 감탄하거나 하는 등 퍼즐에 대해서는 관심을 갖는 경우가 많다. 따라서 수학에 대한 부정적인 인식을 해소하는 데에 도움이 될 소지가 크다. 또한 퍼즐은 집중력을 향상시켜주기도 한다. 집중력 향상은 퍼즐의 가장 큰 교육적인 기능이라고 할 수 있으며, 산만하고 움직임이 많은 아이들에게 흥미를 줄 수 있는 퍼즐을 제시하면서 집중할 수 있는 여건을 조성해주면 산만함을 줄일 수 있는 교육적 효과가 있다. 퍼즐을 통해 인내력을 향상시킬 수 있다. 퍼즐을 완성하는 과정에서 끝까지 퍼즐을 완수하고자 하는 욕구를 갖게 되는데, 이는 인내력을 키워주는 중요한 역할을 하게 된다. 성취하고자 하는 욕구를 강화시켜 주는 것도 퍼즐의 특징이다. 퍼즐을 다 맞추었을 때의 감동은 스스로 작업을 완성했다는 성취감을 제공하며, 이로 인해 아이들은 스스로에 대한 자부심을 갖게 된다. 퍼즐을 통해 논리적 사고력을 향상시킬 수 있다는 점은 퍼즐의 큰 장점 중 하나이다. 퍼즐은 일정한 풀이의 원리를 가지고 있어서 추리를 통해 퍼즐을 풀어낼 수 있다. 문제를 이해하기 위해 퍼즐 안의 힌트들 간의 상호 관계를 잘 관찰해서 모든 부분들을 하나의 자료로 인식해야 퍼즐을 풀 수 있다. 따라서 퍼즐을 풀기 위해서는 논리적으로 사고할 수 있어야 한다. 결국 퍼즐을 푸는 과정을 통해 논리적으로 사고하는 능력과 습관을 기를 수 있게 된다. 그 외에도 언어 퍼즐과 같은 유형은 오락을 즐기게 할뿐만 아니라 동시에 어휘력을 향상시키게 된다.

2) 퍼즐 유형

퍼즐로서 가장 먼저 경험하는 것은 크로스워드 퍼즐로 대표되는 언어 퍼즐일 가능성이 높다. 하지만 언어퍼즐 이외에도 수학적 지식을 이용하는 수학 퍼즐이 숫자퍼즐, 도형 퍼즐, 퍼즐 게임 등 다양한 형태로 존재한다.

예를 들어 도형조합 퍼즐은 변형 퍼즐로서, 조각들이 주어지고 서로 다른 방식으로 두 개 또는 그 이상의 기하학적 모양을 만드는 타일 퍼즐이다. 탱그램은 가장 보편적인 도형조합 퍼즐로, 일곱 개의 조각으로 하나의 형태를 완성한다. 아주 단순한 모양으로부터 도전하기 힘든 것까지 다양하다. 정삼각형을 단지 3번 잘라서 사각형으로 바꾸는 방물장수 문제도 이에 해당한다. 귀납퍼즐은 추론 능력을 전제로 하여 명백한 경우를 확인한 후 같은 추론을 반복하는 것이다. 상당한 잡지에서 볼 수 있는 대중적인 것이 대상과 장면 설정이 제시된 상태에서 특정 실마리가 주어진 후 행렬을 채우는 격자 퍼즐이다. 유명한 것은 얼룩말을 소유한 사람이 누구인가를 묻는 얼룩말 퍼즐이다. 집의 색깔, 국적, 마시는 음료, 피우는 담배, 기르는 애완동물 등에 대한 정보가 주어지고, 빠진 부분을 채우는 것이다.

숫자를 보고 논리적으로 추론하는 다양한 퍼즐 유형이 있다. 네모난 모눈종이에 숨겨져 있는 그림을 숫자들의 조합을 보고 알아내는 퍼즐인 네모로직, 정수의 성질을 이용하여 수를 만들거나 식을 만드는 퍼즐, 9×9 격자를 숫자로 채워 넣는 수도쿠 등도 대표적인 논리퍼즐이라고 할 수 있다.

또한 일련의 동작에 의해 서로 다른 조합으로 조작될 수 있는 조각들로 구성된 것을 연속적으로 이동하여 특정한 패턴을 만드는 조합 퍼즐도 있고, 성냥개비 퍼즐이나 타일링 퍼즐과 같이 정적인 대상이나 기계적인 대상을 이용하여 특정 모양을 구성하는 구성 퍼즐도 있다. 성냥개비 퍼즐은 대표적인 막대 퍼즐이며, 세 개의 원판을 이용하여 하나의 기둥에 꽂힌 원판을 다른 기둥으로 옮기는 하노이 탑이 이러한 퍼즐에 속한다.

4×4에 해당하는 판에 임의의 순서대로 놓인 1부터 15까지의 숫자가 적힌 정사각형 조각들을 차례대로 정렬하는 15퍼즐과 같은 다양한 밀기 퍼즐이 존재한다. 이러한 퍼즐은 테트리스와 같이 컴퓨터로 조작 가능한 형태로도 다양하게 나와 있다.

경로 퍼즐은 여행자를 나타내는 상징물을 사용하여 판을 따라 이동하게 되는 퍼즐이다. 다양한 논리적, 개념적 시도를 포함하며, 경우에 따라서는 시간제한이나 활동 요소를 부가하기도 한다. 보통 2차원이지만 필수조건은 아니다. 출발점과 도착점이 있고, 특정 점을 지나야 한다는 조건이 제시되기도 한다. 대표적인 것이 체스, 미로, 논리 미로이다. 논리 미로는 전형적인 미로 영역에 속하지 않는 경로 퍼즐의 성격을 지니고 있는 논리 퍼즐로, 주어진 수 격자에서 현재 위치한 정사각형에 있는 수를 따라 이동하며 길을 찾는 수 미로, 동서남북 4방향으로 판을 기울여 공을 굴린 후 목표에 도달하게 하는 경사 미로, 문을 밀어서 경로를 만들어가는 문밀기 미로 등이 여기에 속한다. 이와 같이 퍼즐에는 다루는 소재, 조작 방식, 목표로 하는 논리적 구조 등에 따라 다양한 유형으로 구분되는 퍼즐이 존재한다.

8.1 내가 경험한 퍼즐

크로스워드 퍼즐, 수도쿠 퍼즐, 직소 퍼즐 등 지금까지 내가 경험해 본 퍼즐을 떠올려 보자. 수와 형태를 이용한 퍼즐을 수행할 때의 경험과 학교수학을 공부할 때의 경험을 비교해 보자.

2. 암호 퍼즐

암호산술은 문자 또는 기호를 0부터 9까지의 수로 바꾸어 놓은 수학 문제를 취급하는 레크리에이션 수학의 한 유형이다. 'cryptarithmetic'의 'crypt'가 '암호'를, 'arithmetic'의 '산술'을 의미하여 암호산술이라고 번역한 것이다. 이는 종종 '문자산수' 또는 '암호 대수'로 번역되기도 한다.

암호산술은 사칙연산을 이용하여 해결하는 것이기 때문에, 고급의 수학 지식을 요구하지 않는다. 하지만 고급의 사고를 요구한다. 예를 들면, 받아올림을 분명하게 이해하고 있어야 한다. 두 수를 더해 받아올림을 하는 수준이 아니라, 두 수를 더할 경우 받아올림이 없을 수도 있고, 받아올림이 있다면 그것이 1이라는 사실을 알고 있어야 한다.

또한 암호산술 문제는 열린 문제로 활용할 수 있다. 그 경우 학생들은 독자적으로 사고할 수 있으며, 창의력을 신장시킬 수 있다. 암호산술 문제에서는 답이 여러 가지로 주어지는 경우가 많이 있는데, 이 점도 학생들이 다양한 가능성을 탐색해보게 하는 데 도움이 된다. 그리고 이러한 모든 가능성을 탐색하기 위해서는 수학적 생각을 조직적으로 다듬을 수 있어야 하므로 조직적 사고를 하는 데에도 효과적인 소재가 될 수 있다.

한편, 복면산(alphametic)이라는 용어는 1955년 헌터(Hunter)가 사용한 것으로, 암호산술 문제를 주로 알파벳을 이용하여 나타내어 붙여진 이름이다. 주로 수식의 전부, 또는 대부분을 다른 문자나 기호로 숨겨놓고 각각의 기호에 맞는 숫자를 찾아내는 문제 중 뜻이 있는 문장을 이루는 경우를 복면산이라고 한다. 계산식의 숫자를 문자로 바꿔 놓은 것이 복면을 쓰고 있는 연산으로 보인다 하여 붙여진 이름이다. 특별한 언급이 없는 한 같은 문자는 같은 숫자를 나타내고 서로 다른 문자는 서로 다른 문자를 나타내며, 첫 번째 자리의 숫자는 0이 아니라고 가정한다. 다음 문제는 가장 오래되고 유명한 암호산술 문제의 하나이다. 영국의 전설적인 퍼즐리스트인 헨리 듀드니(Henry Dudeney)가 제시한 문제이다.

$$
\begin{array}{ccccc}
 & S & E & N & D \\
+ & M & O & R & E \\
\hline
M & O & N & E & Y \\
\end{array}
$$

이 문제를 해결하기 위해서는 (한 자리 수)+(한 자리 수)≤18이라는 사실로부터 받아올림이 있는 경우 최대 1을 받아올릴 수 있다는 사실을 이해하여야 하며, 낮은 자리에서 받아올림이 있는 경우와 받아올림이 없는 경우를 모두 고려할 수 있어야 한다. 또한 더 이상 특정 문자에 해당하는 수를 알아내기 어려울 때, 서로 다른 문자가 다른 숫자를 나타낸다는 조건과 아직 나오지 않은 숫자가 무엇인지 고려하여 가능한 경우를 따질 수 있어야 한다. 이러한 기본적인 아이디어를 바탕으로 위의 문제에 제시된 문자 복면을 제거해보자.

한편, 암호산술로 제시된 문장이 그 표현 자체로도 옳은 경우가 있다. 암호산술 문제이므로 당연히 문자를 풀어 숫자로 바꾸면 그 연산은 당연히 성립한다. 이런 경우를 '이중 참 복면산'(doubly-true alphametic)이라고 한다. 다음이 그 경우에 해당한다.

$$\begin{array}{cccc} & 팔 & 십 & 오 \\ + & 오 & 십 & 삼 \\ \hline 백 & 삼 & 십 & 팔 \end{array}$$

암호산술은 사칙연산을 이용한 퍼즐이므로 덧셈, 뺄셈, 곱셈, 나눗셈의 유형이 있다. 여기서 각각의 유형에 따라 제시된 암호산술 문제를 해결해보도록 하자.

1) 덧셈

$$\begin{array}{ccc} & 5 & \square \\ + & \square & 2 \\ \hline 1 & 2 & 8 \end{array} \qquad \begin{array}{ccc} & 4 & \square \\ + & \square & 9 \\ \hline 1 & 2 \end{array}$$

$$\begin{array}{cccc} & 2 & \square & \square & 5 \\ + & & \square & 3 & 8 & \square \\ \hline 1 & 0 & 0 & 7 & 4 \end{array}$$

$$\begin{array}{cc} 가 & 나 \\ 다 & 라 \\ + 마 & 바 \\ \hline 사 & 아 \\ + & 자 \\ \hline 1 \;\; 0 \;\; 0 \end{array}$$

2) 곱셈

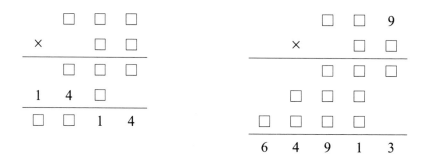

3) 나눗셈

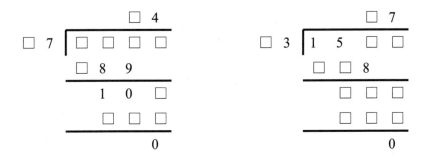

8.2 암호 퍼즐

덧셈, 곱셈, 나눗셈 연산으로 이루어진 암호 퍼즐을 논리적으로 사고하여 풀어보자. 이때 다양한 접근 방식을 시도해 보도록 한다.

3. 논리 퍼즐

1) 귀납 퍼즐

귀납퍼즐은 상당한 추론 능력을 가진 경우에 가능하며, 먼저 명백한 경우를 확인한 후 그와 같은 추론을 다른 경우에 반복하는 것이다. 다른 사람에 관한 정보를 알고 있으나 자신에 대한 정보는 알 수 없는 경우, 다른 사람들의 지적 능력에 대한 신뢰를 바탕으로 추론하게 된다. 대표적인 예가 '왕의 모사 문제'와 '조세핀의 문제' 등이다.

'왕의 모사' 문제는 왕이 3명의 현자를 불러 새로운 모사를 선택하는 문제이다. 세 사람이 흰색 또는 파란색 모자를 쓴다. 다른 사람의 모자 색깔을 확인할 수 있으나 자신의 모자는 볼 수 없으며, 그들 중 적어도 한 사람은 파란색 모자를 쓰고 있다는 사실을 알고 있다. 자신의 모자 색깔을 가장 먼저 알아맞힌 사람이 왕의 모사가 된다면, 무슨 말을 했으며 그것을 어떻게 알았겠는가 하는 것이다. 하지만 이 퍼즐은 현자들이 다른 현자들의 반응을 얼마나 기다려야 하는가 하는 문제와 파란 모자를 쓴 사람만이 이길 수 있다는 문제가 있다. 파란 모자를 한 사람만 쓰고 있는 경우라면, 그 사람은 나머지 사람들이 흰색 모자를 쓰고 있는 것을 보게 되므로 자신은 파란 모자를 쓰고 있음에 틀림없다는 것을 추론할 수 있다. 그런데 파란 모자를 두 사람이 쓰고 있다면, 세 사람 모두 파란 모자를 쓰고 있는 사람을 확인하게 된다. 따라서 자신이 파란 모자를 쓰고 있는지 확신할 수 없게 된다. 결국 누구도 선뜻 결론을 내릴 수 없는 것이다. 만약 현자들이 자신이 파란색 모자를 썼다는 사실을 말하는 반응 시간을 약속해두었다면, 그 시간이 지난 후 파란색 모자를 쓴 두 사람이 자신의 모자 색깔을 알아맞힐 수 있을 것이다. 마찬가지로 세 사람 모두 파란색 모자를 썼을 경우에는 첫 번째와 두 번째 반응 시간을 약속해두었다면 그 시간이 지나는 순간 누구라도 먼저 자신의 모자 색깔을 알아맞힐 수 있을 것이다.

‘조세핀의 문제’는 결혼을 하려면 논리 시험을 치러야 하는 왕국에 관한 것이다. 모든 결혼한 여성(남성)이 자기 남편(아내)을 제외한 모든 남자(여자)의 정절 여부를 알고 있으며, 다른 남편(아내)의 정절에 대해서는 말하지 않는다. 어떤 집에서 총성이 울리면 다른 집에서 그 소리를 모두 들을 수 있다. 조세핀 여왕은 그 왕국에서 부정한 남자(여자)가 발견되었다고 선포하였다. 부정한 남편(아내)을 둔 여성(남성)은 자신의 남편(아내)의 부정함을 확인한 다음날 자정에 그를 쏘아야 했다. 아내(남편)들은 이 문제를 어떻게 다루었겠는가 하는 것이 문제이다. 이 문제를 해결하기 위해서는 문제 해결에 참여하는 모든 여성(남성)들의 추론 능력이 전제되어야 한다. 먼저 부정한 남자가 1명이라면, 그 남자의 아내를 제외한 모든 여자들은 부정한 남자 1명을 알고 있지만 정작 그 아내는 부정한 남자를 한 명도 알지 못하게 된다. 부정한 남자가 있다고 이미 선포되었으므로 부정한 남자를 한 명도 알지 못하는 그 여자는 자신의 남편이 부정하다는 것을 알고 그 다음날 자정에 쏘게 된다. 만약 부정한 남자가 2명이라면, 부정한 남자의 아내 둘을 제외한 모든 여자들은 부정한 남자 2명을 알고 있다. 두

아내들은 부정한 남자를 각각 1명씩 알고 있다. 따라서 자신의 남편이 부정하지 않다면 부정한 남자는 1명일 것이 분명하므로, 둘째 날 자정에 총성이 울렸어야 한다는 사실에 이르게 된다. 하지만 둘째 날 총성이 울리지 않았으므로 부정한 남자는 두 명 이상이고, 자신이 알고 있는 부정한 남자 이외에 자신의 남편이 부정함을 알게 되어 셋째 날 자정에 총을 쏘게 된다. 그와 같은 방식으로 n명의 남자가 부정한 경우 (n+1)째 날 자정에 아내들이 자신의 남편을 쏘게 된다.

2) 격자 퍼즐

상당한 잡지에서 볼 수 있는 대중적인 것이 대상과 장면 설정이 제시된 상태에서 특정 실마리가 주어진 후 행렬을 채우는 것이다. 가장 유명한 것 중의 하나는 얼룩말을 소유한 사람이 누구인가를 묻는 얼룩말 퍼즐이다.

- 일렬로 늘어선 다섯 집이 있다. 각 집의 색깔이 다르고, 다른 국적의 사람들이 살며, 마시는 음료, 기르는 꽃, 기르는 애완동물이 다르다.
- 영국인은 빨간색 집에 산다.
- 스페인인은 개를 소유하고 있다.
- 초록색 집에서 커피를 마신다.
- 우크라이나인은 차를 마신다.
- 초록색 집은 아이보리색 집의 오른쪽 옆집이다.
- 제라늄을 기르는 사람은 달팽이를 기른다.
- 노란색 집에서 장미를 기른다.
- 가운데 집에 사는 사람은 우유를 마신다.
- 노르웨이인은 왼쪽에서 첫 번째 집에 산다.
- 메리골드를 기르는 사람은 여우를 기르는 사람의 옆집에 산다.
- 장미를 기르는 집은 말을 기르는 집의 옆집이다.
- 백합을 기르는 사람은 오렌지주스를 마신다.
- 일본인은 치자를 기른다.
- 노르웨이인은 파란색 집 옆에 산다.

이 퍼즐을 풀기 위해서는 정보가 넉넉하지 않기 때문에 주어진 정보를 최대한 활용하여야 한다. 즉, 주어진 문장 하나가 담고 있는 정보를 모두 활용하여야 한다는 것이다. 예컨대, '영국인은 빨간색 집에 산다'라는 문장으로부터 다음을 추론할 수 있다.

스페인인, 우크라이나인, 노르웨이인, 일본인은 빨간색 집에 살지 않으며, 영국인은 초록색, 아이보리색, 노란색, 파란색 집에 살지 않는다. 이런 모든 조합들을 통해 격자 퍼즐을 맞춰나가야 한다.

3) 방나누기

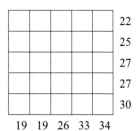

방나누기 퍼즐은 정사각형으로 이루어진 격자의 오른쪽과 아래쪽에 각 행과 열에 들어가는 숫자의 합이 제시되고, 문제에서 제시된 수를 이용하여 각 칸을 채워 같은 숫자들끼리 연결된 하나의 방을 이루도록 하는 것이다. 예를 들어, 7이라는 숫자로 채워져 있으면서 각 칸이 선으로 연결된 경우 7칸으로 이루어져야 한다. 여기 제시된 퍼즐의 경우는 25칸으로 이루어져 있으므로, 전체를 구성하는 방은 (1, 2, 4, 5, 6, 7칸), (3, 4, 5, 6, 7칸), (1, 2, 3, 5, 6, 8칸), (1, 2, 3, 4, 7, 8칸) 등으로 구성된 방일 수 있다. 각각의 가로줄과 세로줄에 들어가는 숫자들의 합이 오른쪽과 하단에 적힌 수이므로, 조건에 맞는 방을 찾아내야 한다.

4) 네모로직

일본의 니시오테츠라는 사람이 1988년에 만들어낸 퍼즐게임으로 네모난 모눈종이에 숨겨져 있는 그림을 숫자들의 조합을 보고 알아내는 퍼즐이다. 예를 들어 문제의 위와 왼쪽에 있는 숫자는 해당 열 안에서 연속해서 칠해지는 칸 수를 나타내고, 2개 이상의 수가 있을 경우에는 숫자의 순서대로 쓰여진 숫자만큼의 칸을 연속해서 칠하며, 이때 칠해지는 숫자와 숫자 사이에는 1칸 이상의 공백이 있어야 한다.

5) 수도쿠

수도쿠는 '외로운 수(single number)'라는 의미를 가진 수독(數獨)을 일본어식으로 발음한 것이다. 수도쿠는 9×9 격자를 숫자로 채워 넣는 것으로, 각 행과 각 열, 전체 격자를 구성하는 9개의 하위 격자가 1부터 9까지의 수를 모두 포함하도록 빈 칸을 채워 넣는 퍼즐이다. '獨(독)'은 수가 중복되어서는 안 된다는 뜻이다. 다시 말해, 각 행과 열에는 같은 수가 들어갈 수 없으며, 9×9 격자를 이루는 9개의 3×3 격자에도 1부터 9까지의 수가 하나씩 들어가야 한다. 언뜻 보기에는 단순해 보이지만, 빈 칸을 채우기 위해 논리적 사고에 바탕을 둔 추론을 해야 한다. 일본 퍼즐 회사 Nikoli에 의해 개발되어 1986년에 대중화되었으며, 2005년에 전 세계적으로 인기를 끌었다. 현재는 그 당시의 열풍은 많이 가라앉았지만 여전히 스마트폰 게임으로 인기가 있다.

수도구는 제시된 숫자의 개수나 숫자의 위치 등에 따라 다양한 난이도를 가진다.

또한 형식을 조금 변형하여 제시되는 문제도 많다.

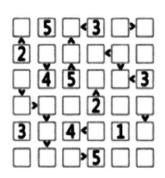 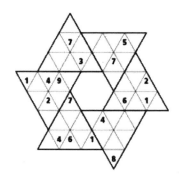

그렇다면 수도쿠는 총 몇 가지 존재할까? 우선 가로와 세로에 1부터 9까지의 수가 각각 하나씩 들어가게 채우는 것을 9차 라틴방진이라고 하는데, 그 개수가 5,524,751,496,156,892,842,531,225,600가지이다. 그 중에서 9개의 3×3 격자까지 조건을 충족시키는 경우는 6,670,903,752,021,072,936,960가지이다. 따라서 내가 풀어본 또는 풀어볼 수도쿠 문제는 전체 가능한 수도쿠 문제에 비하면 극히 제한적이다. 한마디로 수도쿠 문제는 무궁무진하다.

> **생각해 보기**
>
> ### 8.3 논리 퍼즐
>
> 논리 퍼즐 각각의 규칙에 따라 격자 퍼즐, 방나누기 퍼즐, 네모네모로직, 수도쿠 퍼즐을 풀어보자. 각각의 퍼즐을 푸는 것이 만만치 않습니다. 팀별로 생각을 모아보는 것도 좋은 방법이다.

4. 조작 퍼즐

1) 탱그램

탱그램은 도형 조각을 이리저리 움직여 여러 가지 형상을 만드는 가장 보편적인 도형조합 퍼즐이다. 탱그램은 칠교놀이라고도 불린다. 길이가 10cm 정도 되는 나무판을 직각삼각형 큰 것 2개, 중간 것 1개, 작은 것 2개, 그리고 정사각형과 평행사변형이 각 1개가 되도록 자른 판을 칠교판이라고 한다. 7개의 조각으로 이루어져 붙여진 이름이다. 이들 조각의 각 변의 길이는 서로 같거나 배수 관계를 이루어 모양을 구성할 때 변끼리 꼭 맞아 떨어지게 구성하기가 쉽다. 이 퍼즐은 손님이 집에 왔을 때 음식을 준비하는 동안에, 만나고자 하는 사람을 기다리는 동안에 지루하지 않도록 놀이판으로 제공하여 유객판이라고 불리기도 하였다. 일곱 개의 조각에 불과하지만 이 조각으로 만들 수 있는 형태는 동물, 식물, 사람 모양, 건축물, 글자 등 매우 다양하다. 특정 형태를 지어내거나 일정 시간 안에 상대방이 지정한 형태를 만들어야 한다. 아주 단순한 모양으로부터 도전하기 힘든 것까지 다양하다. 다만 이 퍼즐을 완성할 때에는 일곱 개의 조각을 모두 사용하여야 하고 겹쳐서는 안 된다. 중국 송나라에서 발명되어 인기를 끌었으며, 이후 19세기 초에 무역선에 의해 유럽으로 전해져 인기를 얻었다.

이후 탱그램은 현재 다양한 형태로 확장되었다. 예를 들어 '콜럼버스의 달걀'이라는 탱그램은 직선으로 잘린 9개의 조각으로 나누어진 평평한 달걀 모양으로 이루어진 퍼즐이다.

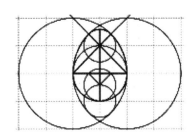 

2) 막대 퍼즐

막대 퍼즐은 2차원 또는 3차원 형태로 구성되는 (본질적으로는 1차원 대상인) 'polystics'의 집합을 사용한다. Polystics는 합체하거나 분리되는 얇은 막대기로 이루어진 모양이며, 막대기는 성냥개비나 빨대, 철사 등을 이용한다. 아주 오래된 막대 퍼즐이 '성냥개비 퍼즐'이다.

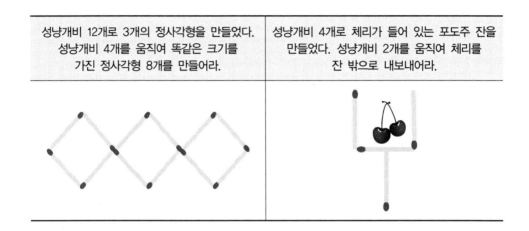

성냥개비 12개로 3개의 정사각형을 만들었다. 성냥개비 4개를 움직여 똑같은 크기를 가진 정사각형 8개를 만들어라.	성냥개비 4개로 체리가 들어 있는 포도주 잔을 만들었다. 성냥개비 2개를 움직여 체리를 잔 밖으로 내보내어라.

3) 하노이의 탑

하노이탑은 프랑스 수학자 에두아르 뤼카(Édouard Lucas)가 클라우스(N. Claus) 교수라는 필명으로 1883년 발표한 것이다. 1년 후 드 파르빌(Henri de Parville)은 Claus가 Lucas의 철자 순서를 바꾼 애너그램임을 밝히면서 하노이 탑을 다음과 같은 이야기로 소개하였다.

인도 베나레스에 있는 한 사원에는 세상의 중심을 나타내는 큰 돔이 있고 그 안에 세 개의 다이아몬드 바늘이 동판 위에 세워져 있습니다. 바늘의 높이는 1 큐빗이고 굵기는 벌의 몸통만 합니다. 바늘 가운데 하나에는 신이 64개의 순금 원판을 끼워 놓았습니다. 가장 큰 원판이 바닥에 놓여 있고, 나머지 원판들이 점점 작아지며 꼭대기까지 쌓여 있습니다. 이것은 신성한 브라흐마의 탑입니다. 브라흐마의 지시에 따라 승려들은 모든 원판을 다른 바늘로 옮기기 위해 밤낮 없이 차례로 제단에 올라 규칙에 따라 원판을 하나씩 옮깁니다. 이 일이 끝날 때, 탑은 무너지고 세상은 종말을 맞이하게 됩니다.

베나레스는 현재 베트남의 하노이 지방을 가리키는데 하노이 탑이라는 용어가 여기에서 유래한다. 이 이야기에서 말하는 원판을 옮기는 규칙이란 다음 두 가지이다.

1. 한 번에 하나의 원판만 옮길 수 있다.
2. 옮기는 과정이나 옮긴 후의 상태에서 큰 원판이 작은 원판 위에 있어서는 안 된다.

승려들은 이 두 가지 조건을 만족시키면서, 한 기둥에 꽂힌 원판들을 그 순서 그대로 다른 기둥으로 옮겨서 다시 쌓아야 하는 것이다. 이러한 전설이 사실이라면 세상의 종말은 언제쯤 도래하겠는가?

하노이 탑 문제는 재귀적 방법을 이용하여 풀 수 있는 가장 유명한 예제 중의 하나이다. '재귀적'이라는 말은 자기 자신을 재참조하는 방법을 뜻하는 것으로, n번째의 원판을 옮기는 과정은 이전 단계, 즉 $(n-1)$번째 원판을 옮기는 과정을 참조할 수 있다. 예를 들어 3개의 원판을 옮긴다고 가정해보자. 규칙에 맞게 옮기는 과정은 다음과 같다.

이 과정을 잘 살펴보면 원판을 최소한으로 옮기기 위해서는 ①번 상태에서 옮기는 경우를 제외하고는 원판을 옮길 기둥이 유일하게 결정된다. 한편, ④번 상태가 되기까지 빨간 원판의 위치는 변하지 않은 상태이다. 따라서 두 개의 원판을 옮기는 횟수

(T_2)와 동일하게 된다. 원래 원판이 놓인 기둥에서 다른 기둥으로 전체 원판을 옮겨야 하므로 빨간 원판을 ⑤번과 같이 옮겨야 한다. 그리고 빨간 원판이 가장 큰 원판이므로 이 원판은 더 이상 옮길 필요가 없고, 다른 어느 원판이라도 빨간 원판 위에 놓일 수 있다. 결국 ⑤번 상태에서는 빨간 원판을 옮기지 않는다는 전제 하에서 가운데 두 개의 빈 기둥을 이용하여 두 개의 원판을 빨간색 원판 위로 옮기면 된다. 이 방법은 곧 두 개의 원판을 옮기는 횟수(T_2)와 같다. 결국 $T_3 = T_2 + 1 + T_2$가 성립한다. 동일한 원리에 따라 $T_n = T_{n-1} + 1 + T_{n-1}$이 성립한다. 이 수열의 일반항을 구하면 $T_n = 2^n - 1$이 된다.

앞으로 돌아가서 64개의 원판을 옮기는데 걸리는 시간을 살펴보자. 원판 하나를 옮기는 시간을 1초로 가정하더라도, 64개의 원판을 옮기는 데에는 ($2^{64} - 1$)초의 시간이 걸린다. 이는 18446744073709551615초, 5849억 4241만 7355년이 걸린다.

4) 루빅스 큐브

루빅스 큐브는 조합 퍼즐의 한 유형이다. 조합퍼즐은 연속적인 이동에 의한 퍼즐로, 일련의 동작에 의해 서로 다른 조합으로 조작될 수 있는 조각들로 구성된 것이다. 임의의 조합으로 시작하여 특별한 조합을 얻음으로써 해결된다. '같은 색깔끼리 모으기', '숫자를 순서대로 배열하기'와 같은 패턴을 만드는 것이다. 가장 유명한 것이 루빅스 큐브이다. 루빅스 큐브는 여섯 개 면의 각각이 독립적으로 회전 가능하며, 각 면이 다른 색깔이고, 한 면에 9개의 조각이 있으며, 궁극적으로 한 면에 동일한 색깔이 놓이도록 해야 한다.

루빅스 큐브는 1974년 헝가리의 예술대학 건축과 교수인 루비크 에르뇌(Ernö Rubik)가 마술 큐브(magic cube)라는 이름으로 발명하였다. 1980년 루빅스 큐브라는 이름으로 처음 시판되었다. 그는 전체적인 메커니즘과 형태가 붕괴되지 않고 각 부분이 독립적으로 움직이게 하는 과정에서 나타나는 구조적 문제를 해결하려는 목적에서 이 큐브를 발명하게 되었다. 자신의 발명품이 퍼즐이라는 것은 이 발명품을 처음 섞고 다시 맞추려고 하다가 알아냈다.

　3×3×3 루빅스 큐브 퍼즐은 8개의 꼭짓점과 12개의 모서리 조각을 가지고 있다. 따라서 큐브 조각의 순열을 특정 조각을 특정 위치에 넣는 것, 큐브 조각의 오리엔테이션을 각 조각의 방향을 바꾸는 것으로 정의할 때, 꼭짓점 조각의 순열은 8! (40,320)가지이다. 그 중 1개를 기준점으로 삼으면 나머지 7개의 꼭짓점 조각은 각각 독립적으로 3가지의 오리엔테이션을 가지며 따라서 이는 3^7 (2,187)이 된다. 12개의 모서리 조각의 순열은 총 12!/2 (239,500,800)가지가 있다 (꼭짓점의 순열이 짝순열이므로 모서리 조각의 순열도 짝순열). 이 모서리 조각들 중 하나를 기준으로 나머지 11개의 조각들은 각각 독립적으로 오리엔테이션 될 수 있으므로 다시 211 (2,048)을 곱해야 한다. 일반적인 루빅스 큐브에서 중앙 조각은 위치가 축에 고정되어있고, 면이 1개뿐이라 어떤 방향성을 가지던지 큐브를 맞추는 것과는 상관없기 때문에 고려하지 않는다. 결국 큐브가 돌면서 생기는 조합은 43,252,003,274,489,856,000개이며, 이 중 큐브를 다 맞출 수 있는 경우는 오직 하나뿐이다.

5) 펜토미노

　펜토미노는 폴리오미노 중 하나이다. 폴리오미노는 단위 정사각형을 변끼리 이어 붙여서 만든 도형으로 정사각형 1개는 모노미노(monomino), 정사각형 2개는 도미노(domino), 3개는 트로미노(tromino), 4개는 테트로미노(tetromino), 5개는 펜토미노(pentomino), 6개는 헥소미노(hexomino), 7개는 헵토미노(heptomino), 8개는 옥토미노(octomino), 9개는 노노미노(nonomino), 10개는 데코미노(decomino)라고 부른다. 폴리오미노의 이름은 1953년 솔로몬 골롬(Solomon Golomb) 박사가 만들어 하버드 수학클럽에서 강의 도중 최초로 사용하였다. 이들 이름은 모두 그리스어에서 유래하였는데, 펜토미노는 다섯을 의미하는 'pente'라는 단어에서 따왔다.

　그렇다면 펜토미노 조각은 모두 몇 가지 모양으로 이루어져 있을까? 뒤집기와 돌리기를 했을 때 생기는 모양을 서로 다른 모양으로 고려하지 않는다면, 펜토미노 조각은 모두 12개가 존재한다. 물론 뒤집은 모양을 서로 다른 것으로 보면 18개의 펜토미노가 존재한다. 12개의 조각 각각은 각 모양에 따라 비슷한 영문자를 따서 이름을 붙인다. 아래 그림은 차례대로 I, F, L, P, N, Z, T, U, V, W, X, Y를 나타낸다. 이 문자들은 'FLIP N TUVWXYZ'라고 적으면 떠올리기 쉽다.

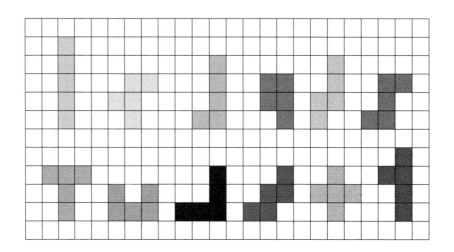

펜토미노 퍼즐은 고대 로마에서 유래된 퍼즐로, 5개의 단위 정사각형이 변끼리 붙어 이루어진 도형을 퍼즐 조각으로 하여 다양한 모양을 만드는 놀이이다. 근래에는 1907년 퍼즐 디자이너인 헨리 듀드니가 다양한 퍼즐을 집대성해서 소개한 저서인 「캔터배리 퍼즐(The Canterbury Puzzles)」에서 테트라미노 1개와 12개의 펜토미노 조각으로 8×8 퍼즐을 풀어내는 방법을 소개하면서 인기를 끌게 되었다. 현재는 여러 유형의 풀이 방법이 계속해서 개발되고 있으며, 펜토미노 퍼즐을 교육적으로 활용하는 방법을 소개하는 다양한 교재가 개발되었다.

펜토미노는 교육에 다양하게 활용될 수 있다. 예를 들어, 펜토미노 조각 중에서 선대칭 조각을 찾는 활동이나 점대칭 조각을 찾는 활동을 수행할 수 있다. 뚜껑이 없는 정육면체 연필통의 전개도가 될 수 있는 조각을 찾는 활동을 수행할 수도 있다. 탱그램을 이용한 활동에서와 같이 펜토미노를 이용하여 숫자나 알파벳, 한글, 동물을 만드는 활동을 할 수도 있다.

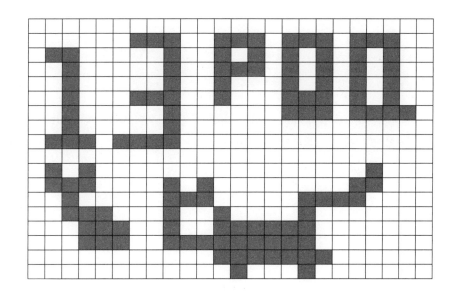

펜토미노 각 조각을 나타내는 알파벳을 주고 직사각형을 만들 수도 있다. 예컨대, L, P, T, Y로 5×4 직사각형 만들기, 12개의 모든 조각을 이용하여 6×10 직사각형 만들기를 할 수 있다. 또한 동일한 영역을 서로 다른 조각들로 어떻게 채울 수 있는지 탐구할 수도 있다.

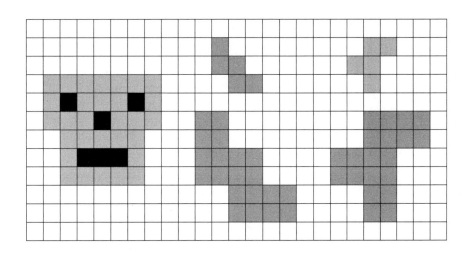

8.4 조각 퍼즐

조작 퍼즐 중 막대 퍼즐과 펜토미노 퍼즐을 풀어봅시다. 하노이 탑을 옮기는 방법의 수를 친구들에게 설명해보자. 탱그램 퍼즐은 스마트폰을 이용하여 쉽게 접근할 수 있다.

참고 문헌

강완, 백석윤(2010). **초등교사를 위한 레크리에이션 수학.** 경문사.

구광조, 라병소, 이강섭(2008). **창의력 향상을 위한 수학산책.** 경문사.

구광조, 라병소, 이강섭(2007). **영재 학생을 위한 수학산책.** 경문사.

삼성수학연구소(2008). **창의영재 수학퍼즐.** 삼성출판사.

제우미디어(2011). **기적의 숫자퍼즐 네모네모 로직.** 제우미디어.

한다 료스케(2009). **천재들이 즐기는 수학 퍼즐 게임.** 일출봉.

https://en.wikipedia.org/wiki/Puzzle